華 章 圖 書

一本打开的书，一扇开启的门，
通向科学殿堂的阶梯，托起一流人才的基石。

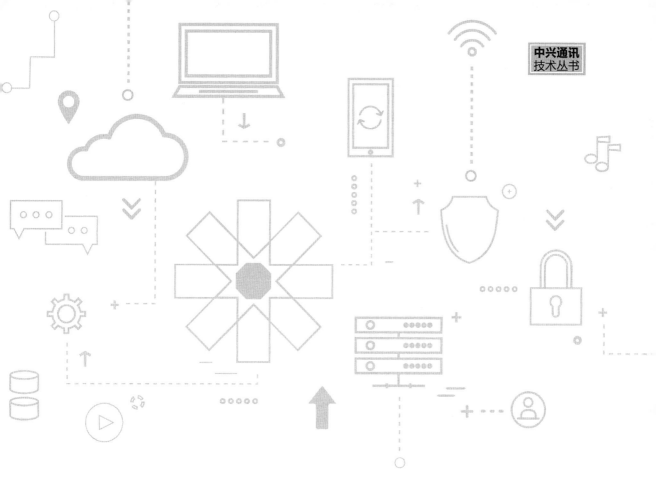

中兴通讯
技术丛书

ODL技术内幕

架构设计与实现原理

ODL INTERNALS: ARCHITECTURE, DESIGN AND PRINCIPLE

耿兴元◎著

机械工业出版社
China Machine Press

图书在版编目（CIP）数据

ODL 技术内幕：架构设计与实现原理 / 耿兴元著 . —北京：机械工业出版社，2019.9
（中兴通讯技术丛书）

ISBN 978-7-111-63509-3

I. O… II. 耿… III. 程序设计 IV. TP311.1

中国版本图书馆 CIP 数据核字（2019）第 175764 号

ODL 技术内幕：架构设计与实现原理

出版发行：机械工业出版社（北京市西城区百万庄大街 22 号 邮政编码：100037）

责任编辑：张锡鹏　　　　　　　　　　　　责任校对：李秋荣

印　　刷：北京文昌阁彩色印刷有限责任公司　版　　次：2019 年 9 月第 1 版第 1 次印刷

开　　本：186mm×240mm　1/16　　　　　印　　张：16.25

书　　号：ISBN 978-7-111-63509-3　　　　定　　价：79.00 元

客服电话：（010）88361066　88379833　68326294　　投稿热线：（010）88379604

华章网站：www.hzbook.com　　　　　　　　　　读者信箱：hzit@hzbook.com

本书法律顾问：北京大成律师事务所　韩光 / 邹晓东

OpenDaylight（简称 ODL）项目是 Linux 基金会旗下的一个开源合作项目，致力于推进软件定义网络（SDN）和网络功能虚拟化（NFV）的发展，目的是寻求以一种更透明的方式促进该领域的创新。该组织由行业领先者建立，旨在制定一个统一、开放的平台，驾驭合作开发的力量，以驱动产业和生态圈的创新。ODL 是针对企业、服务提供商、数据中心、WAN 的模块化的开放的 SDN 平台，其基于 OSGi 的微服务架构让用户能够按需部署网络服务、应用、协议和插件。ODL 平台基本每半年发布一次大版本，从 2013 年开始，项目经历了多个版本的迭代已趋于成熟和稳定，几乎成为网络创新应用场景的默认选择。

ODL 把被控制的网络看作是一个消息驱动的巨大状态机，因此该平台核心架构即其模型驱动的状态保存机制与消息转发机制，称为模型驱动的业务抽象层（MD-SAL）。该架构的魅力源于其架构的前瞻性、可塑性和长期演进能力。

ODL 在架构设计上的先进性和灵活性，使其成为 SDN 领域最有影响力的开源平台。灵活的插件机制与在规模上的弹性可扩展，使 ODL 可应用于智慧城市和其他 IoT 应用等涉及多种设备类型以及多种网络技术的场景，包括光交换、IP/MPLS、LTE 或 5G 无线网络。ODL 对这些技术的可编程性可以做到设备无关。如今，ODL 在各场景的网络创新中的应用越来越广泛，利用和贡献 ODL 项目的中国公司数量也在不断增长，包括华为、联想、瑞斯康达、腾讯、Zenlayer、中兴、阿里巴巴和百度等。2017 年 3 月，中兴通讯成为国内首家 ODL 白金会员。

为什么写这本书

ODL 不仅仅是一个 SDN 控制器平台，它还是一个优秀的模型驱动架构实现，以及一个典型的分布式系统设计范例。通过 ODL，我们能学习的不仅仅是 SDN，也能学到其通用的编程技术及软件架构设计，其分布式系统设计实现也非常值得我们借鉴。

但是，ODL 作为一个开源项目，也有令人诟病的地方，主要有两点：一是虽然 ODL

架构设计比较先进，代码实现也比较优秀，但 ODL 缺乏较为系统性的文档，而且仅有的一些文档更新也较为滞后，内容陈旧，容易误导新手；再加上语言和文化背景的差异，足以让大量国内 ODL 初级玩家望而却步。二是 ODL 的架构演进非常快，核心模块和接口变动频繁，再加上 ODL 子项目众多，导致 ODL 功能和接口碎片化严重，开发者一开始面对几百万行代码，确实有点"老虎吃天，无从下口"的感觉。

我作为一个一直从事软件研发工作的工程师，深知学习与应用 ODL 的不易，所以我想是不是可以把我之前学习 ODL 的笔记——对 ODL 源码的分析和对 ODL 架构设计的理解整理成书，进而帮助大家深入理解 ODL 设计原理和思想，把握其核心源码实现，以不变应万变。这对大家基于 ODL 平台进行业务研发及应用都能有所裨益。

本书的读者对象

本书适合所有有志于解决现有网络问题并促进网络变革的通信、网络及计算机行业相关从业者，特别是希望掌握软件定义网络热门技术的开发人员，还适合具有一定工作经验、关注网络热门技术并希望查漏补缺继续成长的程序员，以及具备一定软件开发能力的网络技术领域从业者。

具备一定的 Java 语言开发基础，了解网络基础知识及分布式系统基础知识将有助于读者更好地理解本书中的内容。

本书的主要内容

对于广大有志于投身网络变革大潮的从业者而言，ODL 依然具有很高的门槛——100 多个子项目，几百万行源代码，OSGi、Maven、Akka、YANG 等背景知识，都成了相关从业者应用 ODL 平台的"拦路虎"。面对这些障碍，我们需要抓住 ODL 平台框架的本质与核心——MD-SAL，只有真正理解 ODL 的这个核心框架设计，理解 MD-SAL 的核心源码实现及其设计思想，才能基于 ODL 进行高效的 SDN 开发实战，就如同习武练功，招式是外壳，内功心法是核心，二者要相辅相成。本书结合作者 15 年的通信软件研发从业经验，从 ODL 核心框架 MD-SAL 的实现源码入手进行解构，剖析代码中的设计模式，总结 ODL 中的软件架构设计思想。本书可谓一本重在讲授内功心法，并指导内功和招式结合的"武功秘籍"。

本书能帮助入门级程序员深入、直观地理解 ODL 技术原理，构建精准的知识框架；帮助有一定工作经验的程序员填补知识漏洞，打通知识体系；帮助正在应用 ODL 构建商用产品和应用的同仁们客观认识并分析 ODL 中现存的问题。本书还分享了作者在基于 ODL 进行商用开发时总结的若干实战经验。

勘误与支持

本书主要内容来源于本人研究学习 ODL 源码的笔记和在应用 ODL 开发项目过程中的实践经验。我们知道 ODL 社区非常活跃，版本发布频繁，架构调整及源码变动也比较大，这不可避免地会导致书中引用的源代码与 ODL 社区最新源代码有一定出入，请读者在阅读过程中务必注意。同时，由于作者写作和认知水平有限，问题在所难免，欢迎读者朋友们通过电子邮箱 yfc@hzbook.com 进行指正。

致谢

ODL 官方社区的源代码是创作本书的原始素材，因此我首先感谢 ODL 官方社区。

其次，我要感谢未来网络学院给予我与大家分享 ODL 技术的平台，以及在开源项目 Jaguar 的成立、运作管理和基础设施资源上的支持。

最后，感谢中兴通讯 IT 学院的闫林老师的鼓励和巨大帮助。

耿兴元

2019 年

目　录 *Contents*

第一部分 *Part 1*

基础环境篇

阅读源代码前的准备

OpenDaylight（简称 ODL）是在 2013 年由 18 家网络巨头发起成立的，旨在推动 SDN 发展及促进网络领域创新的开源控制器平台项目。ODL 项目的目标是成为 SDN 领域的开发、运行、创新的框架和平台。开源项目自有其天生的优势和劣势，也必须遵循自身的发展演进的规律。开源项目优势可总结为具有兼容并包的框架性设计，聚集了众多贡献者大胆创新的思想，版本迭代快速等。开源项目的劣势也很明显，那就是开源项目一般缺乏系统性、完善的文档，部署、升级和运维监控等方面考虑的也都有所欠缺，所以自身很难提供针对具体场景的端到端的商用解决方案。另外，对于一个比较活跃的开源项目，需要 5～7 年才能做到框架的成熟和稳定。ODL 项目成立至今已有 6 年多，我们可以说其核心框架已经稳定和成熟了。因此，理解并掌握 ODL 的最新核心框架的设计与实现原理，对于我们利用 ODL 这个框架和平台进行商用产品的研发是有很大帮助的。

本章主要为后续章节做准备，将指导大家搭建 ODL 的编译开发环境，也会向大家简单介绍 ODL 的诸多子项目以及这些项目的组织管理方式，并对 ODL 核心的 MD-SAL 框架的设计目标和设计原则做一个简单的介绍，让大家对 ODL 项目及其核心架构有一个整体的了解。

1.1 ODL 项目介绍

ODL 项目成立之初，发起成立该项目的众多网络巨头都拿出了自己在 SDN 领域或网络虚拟化方面的一些项目代码贡献到 ODL 社区，包括 Cisco 的 OnePk（ODL 中的 controller

子项目)、Big Switch 的控制器与网络虚拟化项目(ODL 中的 OSCP 子项目)、IBM 的 DOVE (ODL 中的 OpenDove 子项目)、Radware 的安全防御系统(ODL 中的 Defence4All 子项目)、NEC 的 Virtual Tenent Network(ODL 中 VTN 子项目的)等。这些项目本身都是由各公司自己开发的,有些还是已经商用的项目。虽然这些项目本身质量还可以,但是因为缺乏统一的框架和设计思路,有些项目还具有竞争性质,导致这些项目没法组合成一个有机的整体,因此,我们看到的 ODL 的初始发布版本(氢版本),就是一个拼凑起来的大杂烩。随着近年来的不断完善,ODL 逐渐形成了统一的架构和合理的项目层次。

1.1.1 ODL 框架之争

在最初的 ODL 众多子项目中,Cisco 主导的 controller 子项目和 Big Switch 主导的 OSCP 项目代表了 SDN 控制器框架设计的两种思路,二者属于竞争关系。

controller 项目中,基于平台化的设计思路,提出了业务抽象层(Service Abstraction Layer,SAL)的概念,把控制器分为南向(SB)协议插件、北向(NB)业务 / 应用插件和 SAL 三层。通过 SAL 层,实现了多种南向协议插件与多样化的业务应用的解耦,这种设计借鉴了早期的 SDN 开源控制器 Beacon 的基于 OSGi 的模块化框架设计,符合 ONF 提出的典型的 SDN 三层架构,每一层都暴露大量的 API 供不同层次的业务应用进行调用,使系统具有很强的扩展性和灵活性。

OSCP 项目中,主要采用了产品化的设计思路,南向协议绑定在 OpenFlow 上,提供集成度高的、功能比较完善的网络基础功能管理,但这将导致整个系统围绕着 OpenFlow 协议紧紧地耦合在一起,限制了控制器自身的扩展性与适用性。

当然,我们知道,Cisco 的思路在 ODL 社区最终胜出,成为 ODL 的核心框架。而 Big Switch 与 Cisco 在 ODL 社区角力失败也导致了其在 ODL 社区运作了还不到 3 个月的时间就退出了。

1.1.2 SAL 的演进

最初的 SAL 是以 AD-SAL(API-Driven SAL)为主的,也就是需要分别定义南向插件的 Java 编程接口(API)和业务应用的 Java 编程接口(API),并需要为两种接口做大量的适配编码。另外,北向的 REST 接口也要手工定义。显而易见的,作为一个开放的开发平台来说,增加一个新的插件功能,就需要通过手工编码来定义 SAL API 和适配代码,使其具有很大局限性。一方面 API 的定义非常困难,因为这需要非常专业的网络领域的知识,还要考虑规范性、通用性和扩展性；另一方面，大量的手工编码对于开发者来说非常不友好。因此，从 ODL 的氦（Hellium）版本和锂（Lithium）版本开始，一直到氟（Fluorine）版本，MD-SAL（Model-Driven SAL）架构逐步发展并成熟，而 AD-SAL 从铍（Berryllium）版本即被完全废弃。截至现在，ODL 社区加入了越来越多的基于 MD-SAL 框架设计的南向协议类的项目和应用类项目（几十个），而 ODL 成立时建立的一些不太符合该设计思路的项目，比如 OSCP、Defence4All、OpenDove 等现在已经被社区归档，不再继续维护。

1.1.3　ODL 的子项目及分类

MD-SAL 架构采用 YANG 语言作为数据及接口的建模语言，通过 YangTools 工具提供了编译期数据模型与接口的解析和代码的自动生成，采用 Binding Broker、Binding-Independent Broker 两套接口实现了运行期的数据模型与接口的适配转换，简化并规范了南向插件与业务应用间调用接口的定义，为南向插件和业务应用的开发者提供了统一的开发模式。MD-SAL 框架的主体代码原本在 controller 和 yangtools 两个项目中，特别的是，controller 项目最初不仅包含 SAL 框架，还包括配置子系统、netconf/restconf、版本公共配置及版本打包、项目模板等功能。随着 ODL 项目的发展演进，这些功能有的单独成立子项目（mdsal、odlparent、netconf/restconf、archetypes），有的被废弃（配置子系统、AD-SAL），当前仍保留在 controller 项目中的功能代码主要是 ODL 的分布式集群功能（分布式 datastore 和 remoterpc）和 blueprint 扩展。以上 controller、mdsal、odlparent、netconf/restconf 等子项目加上 yangtools 项目基本上就构成了 ODL 的核心框架，再加上 ODL 的鉴权框架 AAA 项目，这些子项目就是 ODL 的核心项目。除了决定 ODL 基础架构的这些核心项目，ODL 的项目中还包括协议类项目、业务应用类项目及支持类项目。协议类项目包括多种南向协议插件项目如 OpenFlow、OVSDB、NETCONF、BGP、BMP、PCEP、LISP、SNMP、P4、SXP、OCP、P4、Telemetry 等，还包括北向的 RESTCONF、NEMO Intent 等。业务应用类项目包括 NetVirt、COE、FaaS、BIER APP、DetNet、SFC、Transport PCE、IOT 等，支持类项目包括 Documentation、Inte-gration、RelEng 等。图 1-1 显示了 ODL 社区现在的活跃的项目及项目间的依赖关系。

🔳 **注意**　因为 ODL 社区中不断接受申请成立新的子项目，原来的子项目也会根据情况进行调整，甚至被废弃而归档，因此图 1-1 中的项目不一定与最新的 ODL 子项目一一对应，但从几个核心项目来说，图 1-1 还算准确。

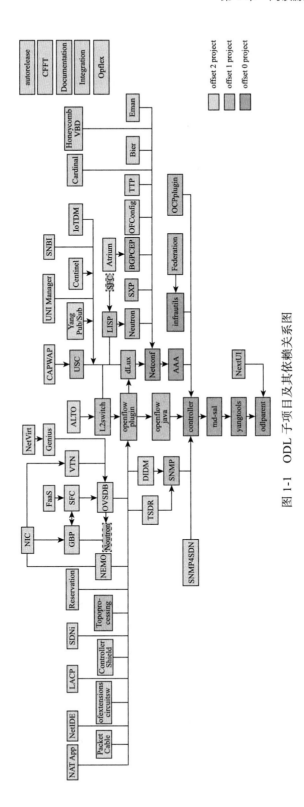

图 1-1　ODL 子项目及其依赖关系图

1.1.4 ODL 项目的管理

ODL 的项目除了支撑类项目使用的 Python、Shell 脚本语言，其他大部分项目都是使用 Java 语言。采用 Java 语言作为开发语言的项目，大量的开源第三方组件及项目间的依赖管理是一件令人头疼的事情，而 ODL 社区借助 Maven 这款优秀的项目管理工具，实现了 ODL 项目的依赖下载、编译、构建、测试、打包、部署等一系列功能。

Maven 工具通过 pom 配置文件来声明项目的依赖和编译构建选项。对于一个 ODL 的项目，只要其根目录下有 pom 文件，执行如下命令，即可实现项目的第三方组件的依赖下载、编译、测试、打包和安装到本地仓库的功能。

```
mvn clean install
```

当然，要想执行上述命令，必须先安装 JDK 和 Maven，并正确配置环境变量。1.2 节会简单讲解安装 ODL 编译构建环境的过程。

1.2 搭建 ODL 编译构建环境

操作系统推荐使用 Linux 的发行版本 Ubuntu 或者 Mac OS X，如果选择 Windows 的话，需要注意有些 ODL 项目是编译不过的。

1.2.1 安装 JDK

JDK（Java Development Kit）是 Java 语言的软件开发工具，JDK 是整个 Java 语言开发的核心，它包含了 Java 的运行环境、Java 工具和 Java 基础的类库。ODL 的大部分项目是采用 Java 语言编写的，因此要编译构建 ODL 项目，首先要安装对应的 JDK 版本。截至目前，ODL 已经发布了 9 个大的版本，编译前 3 个发布版本（氢、氦、锂）的代码需要安装 JDK 7 版本，编译后 6 个版本（铍、硼、碳、氮、氧、氟）的代码需要安装 JDK 8 版本。ODL 社区最新计划从第 10 个版本（也就是钠版本）开始，采用 JDK 11 版本（兼容 JDK 8）。下面以 JDK 8 版本为例介绍其安装和配置过程，其他版本的 JDK 安装参考 Oracle 官方文档即可。

1. JDK 下载安装

JDK 8 下载地址：

https://www.oracle.com/technetwork/java/javase/downloads/jdk8-downloads-2133151.html

Mac OS X 或者 Windows 操作系统，请下载对应操作系统类型的安装包，下载后安装即可。

Linux 操作系统可以下载 JDK 8 压缩包解压到某个目录下，也可以采用下面的命令直接安装。

```
Fedora:
sudo dnf install java-1.8.0-openjdk java-1.8.0-openjdk-devel
Ubuntu:
sudo apt-get install openjdk-8-jdk
```

安装后，在控制台终端执行命令 java –version 验证 JDK 是否安装成功。安装成功会打印如下信息：

```
java version "1.8.0_201"
Java(TM) SE Runtime Environment (build 1.8.0_201-b09)
Java HotSpot(TM) 64-Bit Server VM (build 25.201-b09, mixed mode)
```

2. 设置环境变量

对于 Windows 操作系统，按"我的电脑→属性→高级→环境变量→用户变量→新建（N）"路径添加环境变量 JAVA_HOME 和 JAVA_TOOL_OPTIONS，如图 1-2、图 1-3 所示。

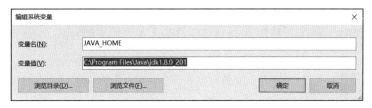

图 1-2　JAVA_HOME 环境变量设置

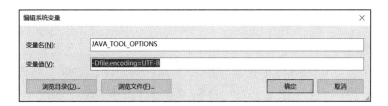

图 1-3　JAVA_TOOL_OPTIONS 环境变量设置

在 Path 环境变量中加入 %JAVA_HOME%\bin

对于 Linux 或 Mac OS X 操作系统，通过配置文件 ~/.bash_profile 或 /etc/profile 配置环境变量。

```
export JAVA_HOME={YOUR_JDK_INSTALLED_DIR}
export PATH=$JAVA_HOME/bin:$PATH
```

1.2.2　安装及配置 Maven

1. Maven 安装

Maven 下载地址（推荐安装最新的 Maven 3.6.0，编译 ODL 最新版本代码不得低于 3.5.2）：http://maven.apache.org/download.cgi，下载后解压到某个目录即可。

解压 Maven 后，在 /etc/profile 中配置环境变量 MAVEN_HOME，在 PATH 下增加 $MAVEN_HOME/bin 路径。

```
export MAVEN_HOME={WHERE_YOU_UNZIPPED_MAVEN}/apache-maven-{MVN_VERSION}
export PATH=$MAVEN_HOME/bin:$PATH
export MAVEN_OPTS="-Xmx1024m"
```

Windows 操作系统请按照 1.2.1 的方式增加这 3 个环境变量。

注意　使用参数 MAVEN_OPTS 设置 Maven 工具构建项目时，设置 Java 虚拟机最大可用内存。构建 ODL 的项目时，Java 默认的最大可用内存是不够的，需要把这个值设置得大一些，至少 1024M。如果开发机器允许，这个参数还可以设置得更大一些。

执行命令 mvn –v 验证 Maven 是否成功。成功会显示如下内容：

```
Apache Maven 3.5.3 (3383c37e1f9e9b3bc3df5050c29c8aff9f295297; 2018-02-25T03:
    49:05+08:00)
Maven home: /usr/share/maven
Java version: 1.8.0_161, vendor: Oracle Corporation
Java home: /usr/lib/jvm/java-1.8.0-openjdk-1.8.0.161-0.b14.el7_4.x86_64/jre
Default locale: en_US, platform encoding: UTF-8
OS name: "linux", version: "3.10.0-693.2.2.el7.x86_64", arch: "amd64", family: "unix"
```

2. Maven 配置

ODL 维护了独立于 Maven 中央仓库的一个 Maven 仓库，如果不修改 Maven 默认的 settings.xml，是无法访问 ODL 发布的组件的。要编译构建 ODL 的项目或者基于 ODL 开发自己的应用，必须要依赖 ODL 发布的组件，因此必须把 https://github.com/opendaylight/odlparent/blob/master/settings.xml 复制到 ~/.m2/settings.xml 或者覆盖 $MAVEN_HOME/conf 目录中的 settings.xml。

如果你是通过代理上网的，那还要在 settings.xml 里设置上网代理，如代码清单 1-1 所示。

代码清单 1-1　Maven 上网代理配置

```
<proxies>
    <proxy>
        <id>http-proxynj</id>
        <active>true</active>
        <protocol>http</protocol>
        <host>yourproxy.abc.com</host>
        <port>80</port>
        <nonProxyHosts>10.*|*.abc.com</nonProxyHosts>
    </proxy>
    <proxy>
        <id>https-proxynj</id>
        <active>true</active>
        <protocol>https</protocol>
        <host>yourproxy.abc.com</host>
        <port>80</port>
        <nonProxyHosts>10.*|*.abc.com</nonProxyHosts>
    </proxy>
</proxies>
```

详细说明可参考 http://maven.apache.org/guides/mini/guide-proxies.html。

1.3　阅读和调试 ODL 源代码

安装好 JDK 与 Maven 后，就可以对 ODL 项目进行编译构建了。如果想方便地阅读和调试 ODL 项目源码，安装一个好用的集成开发（IDE）工具是十分必要的。推荐安装 IntelliJ IDEA 这款 IDE 工具，使用其阅读和调试代码非常方便。

1.3.1　ODL 项目源码下载

ODL 是通过 Git 仓库管理所有项目的源码，ODL 官方仓库地址 https://git.opendaylight.org。

Linux 操作系统建议先安装 git 工具。

```
Fedora:
sudo dnf install git
Ubuntu:
sudo apt-get install git-core
```

安装好 git 工具后，通过浏览器打开 https://git.opendaylight.org，点击 Projects→List 可以看到 ODL 所有的子项目，选择你感兴趣的项目，比如 AAA。在 General 标签下，可以找到通过 git 工具克隆 AAA 项目源码库的命令，如图 1-4 所示。

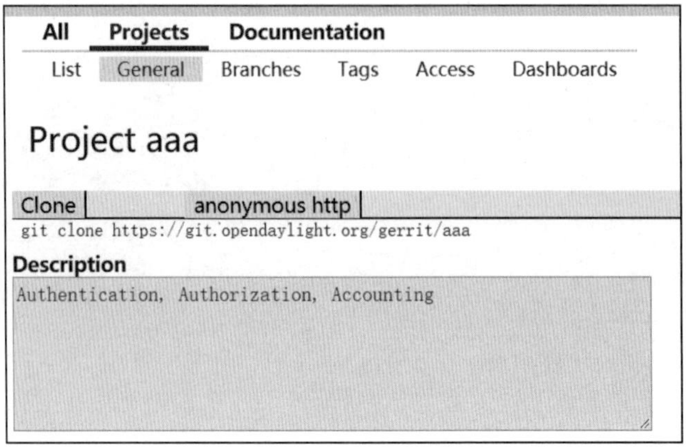

图 1-4　AAA 项目

然后复制命令 git clone https://git.opendaylight.org/gerrit/aaa 执行，这样就可以把 AAA 项目的源码克隆到本地。

进入 AAA 目录，执行命令 git branch –a 查看该项目所有的分支，执行命令 git tag –list 查看该项目所有的 tag。

如果想查看某一分支或者 tag 的源码，执行 git checkout [branch or tag]：

```
git checkout release/fluorine-sr2
```

即把本地代码切换成最新发布的 Fluorine-SR2 版本。

你也可以直接通过 ODL 在 GitHub 上的镜像库（https://www.github.com/opendaylight）下载各项目的源码。打开链接后，选择感兴趣的项目，在 branch 下拉菜单里选择分支或者 tag，然后点击 Clone or download→Download ZIP，下载源码包后解压即可。

进入到 AAA 目录下执行命令 mvn clean install 即可构建该项目。

1.3.2　IntelliJ IDEA 安装

进入官网 https://www.jetbrains.com/idea/download，选择适合版本下载 IntelliJ IDEA。

注意　IntelliJ IDEA 分为社区免费版和商业版，如果财力允许，可以选择安装商业版。一般来说，社区免费版也够用了。

读者可以按照提示或者参考网上的安装指导完成 IntelliJ IDEA 的安装。

1.3.3　IntelliJ IDEA 调试 ODL 的项目源码

要通过 IntelliJ IDEA 调试跟踪 ODL 子项目的源码，首先要下载 ODL 的某个发行版本并带 debug 参数启动该版本。ODL 版本下载地址 https://docs.opendaylight.org/en/latest/downloads.html，请选择合适的 ODL 发布版本下载。下载后解压到某个目录，进入解压目录，通过命令 ./bin/karaf debug 启动 ODL，在 karaf 控制台通过 feature install 命令安装该子项目相关的 feature，这样才能通过 IntelliJ IDEA 调试该版本源代码。

确保该子项目源码启动的是上述 ODL 版本 tag 的源码，然后在 IDEA 里直接导入该子项目，也可以在该子项目的根目录执行 mvn idea:idea 生成 IDEA 工程。用 IDEA 打开后缀为 .ipr 的工程文件，推荐用 mvn idea:idea 的方式，因为其可以提前下载依赖并发现构建的问题。在 IDEA 里打开该子项目工程后，依次选择 Run→Debug→Edit Configurations，然后选择列表中的 Remote 方式，在 Host 处填写 ODL 运行的服务器的 IP，Port 为 5005，如图 1-5 所示。最后点击图 1-5 中的 Debug 按钮即可对 ODL 的源码进行调试跟踪。

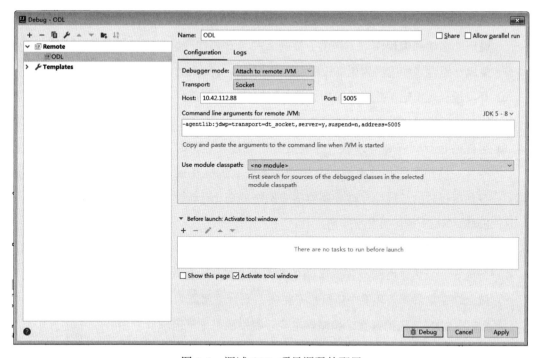

图 1-5　调试 ODL 项目源码的配置

当然，阅读调试 ODL 源码的目的不仅仅是为了查找 Bug、定位问题。分析源代码的实现流程和设计思路也有助于我们更好地理解 ODL 架构设计和实现原理，这也是本书的主旨所在。

1.4 ODL 设计目标

SDN（Software Defined Network，软件定义网络）的运动来自一个简单的问题：为什么网络设备不应像其他计算平台一样可编程？ SDN 的设计理念通过分解传统的垂直集成的网络设备堆栈，并将控制平面重构为独立于网络设备的操作系统，可以实现如下几个长远目标：

❑ 来自不同供应商的不同物理和虚拟设备类型的互操作性。

❑ 提供网络流量从源到目的的可视性。

❑ 面向所有设备的通用的管理框架。

❑ 可根据用户需求塑造网络行为的可编程性。

❑ 基于策略的自动化。

ODL 作为 SDN 设计理念中控制与管理面的开发及运行平台（网络操作系统），是迄今为止这个新堆栈中最大和最成熟的项目，逐渐成为新开放网络生态系统的核心组件。

ODL 作为一个 SDN 控制器运行与开发平台，在架构设计上考虑了如下关键需求。

❑ 灵活性：SDN 控制器必须能容纳大量的各类型应用。同时，控制器应用应该是使用通用的框架和编程模型，提供一致的 API 给客户端。这对于发现并解决故障、系统集成、组合多种应用为更高级的编排流都是十分重要的。

❑ 开发过程规模化：控制器架构必须允许插件、业务组件、应用能相互独立进行开发，能够灵活地选择功能特性进行集成。

❑ 组件的运行时安装与卸载：控制器必须能够在运行时安装新的协议、业务及应用插件。控制器的基础架构需要适应动态安装的插件或从设备动态中发现的数据模型，运行时的扩展性允许控制器适应网络的变化（新设备或新网络特性），避免传统 EMS、NMS 冗长的发布周期。

❑ 性能与规模：控制器应该能够在多样化的环境中，使得承担不同的负载 / 应用都运行良好。当然，性能不应该通过在模块化上花费大量代价来获得。控制器架构应该被允许在集群、云环境中进行水平扩展，平台需要能为其提供一致性的集群支持。

为了支持 SDN 应用的开发，控制器也应该提供满足如下需求的应用开发环境。

❑ 使用领域模型语言描述内部和外部的系统行为，会促进开发人员和网络专家的协作，方便系统集成。领域模型语言和代码生成工具应该提供 API 和协议的快速进化（敏捷）。控制器使用的领域语言、技术、工具对于一些通用的网络概念，比如业务、服务链、用户管理和策略等都要是可用的。

❏ 控制器使用的模型工具应该与设备的模型工具一致，这样控制器和设备就可以使用
通用的工具链，设备模型在控制器中也可以被重用，使用这些模型的控制器应用 /
插件与设备之间即可实现无缝对接。工具链也应该支持业务和设备的模型间的适配
代码的生成。

1.5　ODL 总体架构

了解了 ODL 平台的设计背景和设计目标，会帮助我们理解 ODL 的整体架构。考虑到
平台必须灵活地支持多种南向协议插件，支持多样化的业务及应用，支持运行时的组件安
装与卸载，那么，整个平台就必须是模块化的架构设计，模块间要尽量松耦合，模块间交
互要有统一的方式和标准。基于此，ODL 所有组件都需要遵循 Java 平台事实上的动态模块
化规范 OSGi 进行设计，直接基于 Karaf 这个强大的 OSGi 容器来提供组件的部署和运行环
境。当然，OSGi 规范的实现框架在 Karaf 的配置文件中可以配置为 felix 或者 equinox。我
们可以在解压的 ODL 发布版本的配置文件 /etc/config.properties 和 /etc/custom.properties 中
看到如下相关配置：

```
karaf.framework.equinox=mvn\:org.eclipse.platform/org.eclipse.osgi/3.12.100
karaf.framework.felix=mvn\:org.apache.felix/org.apache.felix.framework/5.6.10
# Use Equinox as default OSGi Framework Implementation
karaf.framework=equinox
```

> **注意**　从 JDK 9 开始，模块化已是 Java 提供的一个原生特性。截至 ODL 第 9 个发布版本，
> ODL 还没有基于 JDK 9 及 JDK 9 以后的版本进行构建，因此其模块化仍然是遵循
> OSGi 规范设计的。但 ODL 社区计划在第 10 个发布版本中基于 JDK 11 进行构建。

ODL 把被控制和管理的网络抽象为一个以消息驱动的巨大的状态机，因此 ODL 架构
中的消息机制与状态保存机制就成了整体架构中最基础的服务设施。为了简化并规范化消
息与状态数据的定义，ODL 社区引入 YANG 语言作为消息与状态数据的模型语言。在 ODL
中，通过 YANG 语言驱动设计的这些基础服务设施被称为模型驱动的服务抽象层（MD-
SAL，Model-Driven Service Abstraction Layer），MD-SAL 是 ODL 平台整体架构的核心，
为南向协议插件和业务应用提供统一的服务调用接口。具体来说，ODL 的 MD-SAL 提供了
RPC、Notification、数据变更通知这 3 种消息机制，同时提供了 DataStore 来保存设备与业
务的配置和状态（Config & Operational 两种类的库）。如图 1-6 Platform 部分所示。

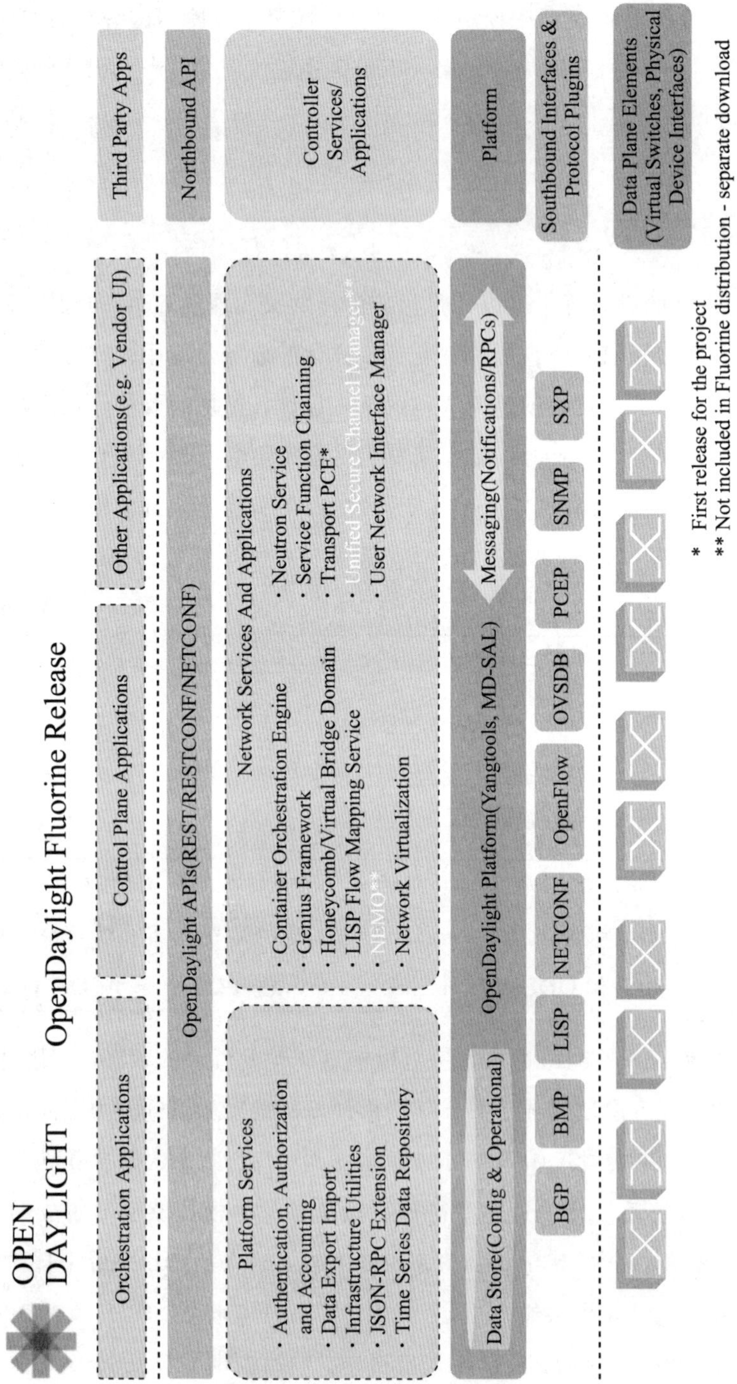
OPEN DAYLIGHT
OpenDaylight Fluorine Release
Orchestration Applications
Control Plane Applications
Other Applications(e.g. Vendor UI)
Third Party Apps
OpenDaylight APIs(REST/RESTCONF/NETCONF)
Northbound API
Platform Services
· Authentication, Authorization and Accounting
· Data Export Import
· Infrastructure Utilities
· JSON-RPC Extension
· Time Series Data Repository
Network Services And Applications
· Container Orchestration Engine
· Genius Framework
· Honeycomb/Virtual Bridge Domain
· LISP Flow Mapping Service
· NEMO**
· Network Virtualization
· Neutron Service
· Service Function Chaining
· Transport PCE*
· Unified Secure Channel Manager**
· User Network Interface Manager
Controller Services/ Applications
Data Store(Config & Operational)
OpenDaylight Platform(Yangtools, MD-SAL)
Messaging(Notifications/RPCs)
Platform
BGP
BMP
LISP
NETCONF
OpenFlow
OVSDB
PCEP
SNMP
SXP
Southbound Interfaces & Protocol Plugins
Data Plane Elements (Virtual Switches, Physical Device Interfaces)
* First release for the project
** Not included in Fluorine distribution - separate download

图 1-6 ODL 总体架构

由图 1-6 可见，MD-SAL 是 ODL 整体架构的平台部分，提供了多种模块间的调用与交互机制。比较典型的包括：1）RPC 提供了消费者与提供者之间一对一的调用路由机制；2）Notification 提供了消息的订阅发布机制；3）DataStore 提供了配置与状态数据的保存和查找机制，并提供了在集群环境中的数据细粒度分片与一致性保证。从 MD-SAL 架构来说，南向协议插件和业务 / 北向应用的生命周期都是一样的，每个南向协议插件和业务 / 应用都是一个 OSGi 的 Bundle，遵循同样的设计思路，围绕 MD-SAL 架构提供的基础服务，通过 YANG 模型来定义其交互的接口标准。这样，无论是南向协议还是业务应用，都可以被看作基于 MD-SAL 架构的一个扩展插件，如图 1-7 所示。

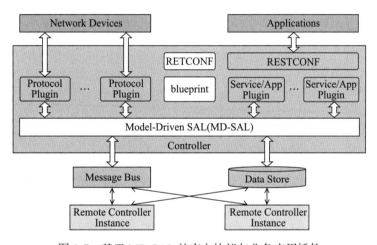

图 1-7　基于 MD-SAL 的南向协议与业务应用插件

ODL 通过 YangTools 实现了 YANG 模型的解析和自动生成接口代码，南向协议 / 业务应用插件只需要定义出 YANG 模型，MD-SAL 不需要包含任何插件特定的代码和 API，对所有加载到控制器的南向协议 / 业务应用插件都提供了通用的处理机制。通过 YangTools 工具，使得插件间的调用接口、RESTCONF 接口都由 YANG 模型统一定义并自动生成。通过 MD-SAL，实现了南向协议 / 业务应用插件间接口调用的运行时适配。

1.6　本章小结

本章主要是为了下面更深入地理解 ODL 架构的设计原理做准备。通过本章的介绍我们应该学会搭建 ODL 的编译调试环境，理解 MD-SAL 是 ODL 架构的核心。当然，本章也提到 ODL 的众多子项目都是通过 Maven 工具进行管理的，第 2 章将介绍 ODL 社区在项目管理上碰到的若干问题以及相应的解决方案。

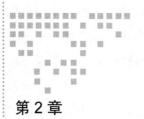

ODL 项目管理设计详解

"罗马不是一天建成的"。同样，ODL 也是历经多年才不断发展壮大。作为一个开源项目，在参与 ODL 的志愿者们的共同努力下，ODL 在架构与项目管理方面持续得到演进，功能变得越来越多，架构日趋合理，项目管理的层次越来越清晰，社区及项目中的各种问题也逐步被解决。

在第 1 章我们了解到 ODL 采用了模块化的架构设计，现在 ODL 的子项目多达上百个，每个子项目又分为若干模块，可以说有数百个模块。这数百个模块从 OSGi 的视角来看就是几百个 Bundle；从 Maven 的视角来看，就是几百个 pom。对这种规模的项目进行管理不是一件容易的事情。因此，本章首先描述 ODL 社区在管理众多子项目过程中会遇到的若干问题，并将和读者一起回顾社区通过 Maven 工具解决这些问题的思路和设计原则，以及如何一步步优化并完善解决方案，最后给出社区总结的对于项目管理的最佳实践。

2.1 问题的提出

最初接触 ODL 项目时，笔者曾被它的庞大和繁杂吓到了。有个比喻说，"ODL 是一只会跳舞的大象"。一方面是因为 ODL 包含了大量的功能特性；另一方面是因为最初的 ODL 版本中的各子项目是由参与创立 ODL 的各公司独立开发贡献到社区的，根本没有统一的架构设计，也很难做到统一的项目管理，而且一些子项目本身也没有进行很好的设计。比如，ODL 最初的版本中，Cisco 主导贡献的 ODL 最核心的框架部分：controller 项目里，就有如下典型问题：

- ❑ 该项目没有统一规划 parent，比如 mdsal 就定义了两个 parent：sal-parent 和 compatibility parent，版本号都是 1.1-SNAPSHOT，但这两个 parent 都继承自另一个版本号为 1.4.2-SNAPSHOT 的 parent pom。
- ❑ 很多模块的版本号缺乏规划，没有从其直接的 parent 继承，使其定义混乱。比如 UserManager 的 pom 中，其 parent 的版本定义为 1.4.2-SNAPSHOT，该模块的版本号却被定义成 0.4.2-SNAPSHOT。
- ❑ 依赖不是从 parent pom 继承，而是直接罗列在当前的 pom 中。

其他子项目也有类似的问题主要包括以下几个方面，1）整个 ODL 项目缺乏统一规划的 parent pom，各模块继承层次不清晰，构建依赖混乱，版本编译构建和集成的工作经常出现各种问题，无法稳定；2）各项目和模块的版本号缺乏统一规划，导致 ODL 的子项目的几百个模块都有不同的版本号，维护与演进非常麻烦和困难；3）发布版本过程中，需要花费大量的人力修复出错的 pom 文件。

这些问题不仅给项目自身的维护和开发带来了困难，同时给学习和使用 ODL 的用户也带来了困扰。用户很难梳理清楚各项目和模块的不同版本，特别是 ODL 最初的几个发布版本。因此，用户在加载和运行初始发布的 ODL 版本的过程中，要面对非常多的干扰。

2.2　解决思路

所有用 Maven 管理的项目都应该是分模块的，每个模块都对应着一个 pom.xml，pom.xml 文件是 Maven 进行工作的主要配置文件。在这个文件中我们可以配置 groupId、artifactId 和 version 等 Maven 项目必需的元素，可以配置 Maven 项目需要使用的远程仓库，可以定义 Maven 项目打包的形式，也可以定义 Maven 项目的资源依赖关系等。对于一个最简单的 pom.xml 来说，必须包含 modelVersion、groupId、artifactId 和 version 这 4 个元素，当然其中的元素可以是从它的父项目中继承的。在 Maven 中，通过使用 groupId、artifactId 和 version 组成 groupId:artifactId:version 的形式来确定唯一的一个项目（模块）。

对于如何处理所构建的多个模块间的关系，Maven 给我们提供了一个 pom 的继承和聚合的功能。所谓聚合是可以通过一个 pom 将所有的要构建模块整合起来；所谓继承是在构建多个模块的时候，往往有多个模块会有相同的 groupId、version 或依赖，为了减少 pom 文件的配置，同面向对象的设计中类的继承一样，在父工程中配置了 pom，子项目中的 pom 就可以继承。总之，聚合是为了方便高速构建项目，继承是为了消除重复配置，在简化 pom 的时候还能促进各个模块配置的一致性。两者的共同点是其 packaging 都是 pom，聚合模块与继承关系中的父模块除了 pom 之外都没有实际内容。

ODL 项目是通过 Maven 工具进行管理的，因此，对于上文 ODL 项目管理中碰到的问题，如何优化 pom.xml 的设计就是一个解决思路。对于公共编译配置和依赖管理的问题，ODL 社区从第二个版本发布开始，成立了 odlparent 项目。该项目最初只有一个 pom 文件，这个 pom 文件里包含所有配置和依赖管理。顾名思义，这个项目的 pom 就是 ODL 所有其他项目的 parent。从第 1 章我们了解到，ODL 的模块是遵循 OSGi 规范而设计的，所有模块都要编译为 bundle 部署到 OSGi 容器里才能加载运行。因此，从第三个版本发布开始，bundle 构建的公共配置也被放在 odlparent 中，也即 bundle-parent。同时，编译构建 bundle 时的 checkstyle 配置文件也统一放在了 odlparent 项目中。第 1 章在搭建编译环境时，需要下载的 Maven 的 settings.xml 文件，也放到了 odlparent 中进行维护。在后续发布的版本中，odlparent 项目中陆续加入了 feature 管理的 parent，以及 karaf 打包的 parent。这样，在 ODL 的子项目中，只需继承 odlparent 中相应的 parent pom，就可继承这些公共配置，极大地简化了 ODL 子项目中 pom 的配置。

当然，我们不要忘了 ODL 的核心框架 MD-SAL。在 mdsal 子项目中，有一个 binding-parent 的 pom，这个 pom 包含了通过 yangtools 解析 YANG 模型所生成的 binding 代码的默认构建配置。对于所有遵循 MD-SAL 开发的模块（bundle）的构建，只需要继承这个 pom，然后在你的 pom 中添加模块的自身依赖即可。

不仅是对 parent pom 的设计，包括各子项目中版本号规划，社区都给出了指导性建议，列在下面供读者参考：

❑ 统一定义全局的 parent pom，对所有子项目提供公共配置。

❑ 除非必要，否则每个子项目只能有一个 parent。

❑ 所有子项目的 parent 都继承自全局 parent pom。

❑ 每个子项目中的模块的版本号要统一，版本号要按照 <major>.<minor>.<micro> 格式进行定义。

❑ 项目依赖的版本号在 parent pom 里统一进行管理，在子项目的模块 pom 里不能对版本号硬编码。

❑ 要对所有子项目使用一致的命名规范。

ODL 的命名规范包括代码目录命名、模块坐标的命名规范、feature 的命名规范。这
里就不再详细说明了，如果想进一步详细了解的可以参考：https://wiki.opendaylight.
org/view/CrossProject:HouseKeeping_Best_Practices_Group:Project_layout 及 https://wiki.
opendaylight.org/view/CrossProject:Integration_Group:About_User_Facing_Features。

图 2-1 是按照 odlparent 项目发布的最新版本设计的 parent pom 继承关系示意图。

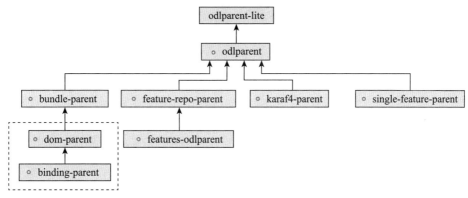

图 2-1　odlparent 中父 pom 设计

在图 2-1 中，各 pom 的说明简单如下：

❑ odlparent-lite—最基础的父 pom，被所有的 ODL 项目的 Maven 模块直接或者间
接继承。可以供不生成发布坐标（artifacts）的 Maven 模块直接继承（比如聚合的
POM）。

❑ odlparent—公共的父 pom，供包含 Java 代码的 Maven 模块继承。

❑ bundle-parent—供生成 OSGi Bundle 的 Maven 模块继承的父 pom。

❑ binding-parent—遵循 MD-SAL 架构设计的 Maven 模块继承的父 pom。

❑ single-feature-parent—供生成单个 Karaf 4 feature 的 Maven 模块继承的父 pom。

❑ feature-repo-parent—供生成 Karaf 4 feature 库的 Maven 模块继承的父 pom。

❑ features-odlparent—ODL 依赖的公共库的 feature 集合的库。

❑ karaf4-parent—供生成 Karaf 4 发布包的 Maven 模块所继承的父 pom。

图 2-1 中虚框内的两个 pom（dom-parent 和 binding-parent）不是在 odlparent 项目里定
义的，而是在 mdsal 项目里定义的。

以上 parent pom 的详细说明以及在子项目中的继承应用参见 2.3 节和 2.4 节。

2.3 实现详解

本节我们将对图 2-1 中 pom 文件的设计，主要是对 pom 包含的配置以及主要用途进行详细说明。

2.3.1 基础 parent 设计

最基础的 parent pom 包括两个——odlparent-lite 和 odlparent，前者包括一些公共配置信息，后者则在前者的基础上增加了通用的第三方库的依赖。

1. odlparent-lite

odlparent-lite 是 ODL 所有的 Maven 项目和模块最基础的父 pom，主要提供了以下公共配置信息。

- ❑ license information（许可证信息）。
- ❑ organization information（组织信息）。
- ❑ issue management information (a link to our Bugzilla)（问题管理）。
- ❑ continuous integration information (a link to our Jenkins setup)（持续集成信息，Jenkins 的链接）。
- ❑ default Maven plugins (maven-clean-plugin, maven-deploy-plugin, maven-install-plugin, maven-javadoc-plugin with HelpMojo support, maven-project-info-reports-plugin, maven-site-plugin with Asciidoc support, jdepend-maven-plugin)（默认的 Maven 插件）。
- ❑ distribution management information（发布管理信息）。
- ❑ source code management（源码管理）。

pom 中的具体配置如代码清单 2-1 所示。

代码清单 2-1　odlparent-lite 中的公共配置信息

```
<licenses>
    <license>
        <name>Eclipse Public License v1.0</name>
        <url>https://www.eclipse.org/legal/epl-v10.html</url>
    </license>
</licenses>

<organization>
    <name>OpenDaylight</name>
    <url>https://www.opendaylight.org</url>
```

```
</organization>

<issueManagement>
    <system>Bugzilla</system>
    <url>https://bugs.opendaylight.org/</url>
</issueManagement>

<ciManagement>
    <system>Jenkins</system>
    <url>https://jenkins.opendaylight.org/releng/</url>
</ciManagement>

<scm>
    <url>https://git.opendaylight.org/gerrit/</url>
</scm>
```

> 📷 **注意** ODL 的问题跟踪现已改为 JIRA（https://jira.opendaylight.org/），原来的 Bugzilla 虽然还可以访问，但已不能在 Bugzilla 上提交 Bug。

另外，在这个 pom 中还定义了几个有用的 profile，以满足不同的环境或不同的构建要求。举一个例子，如代码清单 2-2 所示的这个 profile。

代码清单 2-2　odlparent-lite 中的快速构建的 profile

```
<profile>
    <id>q</id>
    <properties>
        <skipITs>true</skipITs>
        <skip.karaf.featureTest>true</skip.karaf.featureTest>
        <jacoco.skip>true</jacoco.skip>
        <maven.javadoc.skip>true</maven.javadoc.skip>
        <maven.source.skip>true</maven.source.skip>
        <checkstyle.skip>true</checkstyle.skip>
        <findbugs.skip>true</findbugs.skip>
        <pmd.skip>true</pmd.skip>
        <cpd.skip>true</cpd.skip>
        <maven.site.skip>true</maven.site.skip>
        <invoker.skip>true</invoker.skip>
        <enforcer.skip>true</enforcer.skip>
        <mdsal.skip.verbose>true</mdsal.skip.verbose> <!-- Bug 6236 -->
        <gitid.skip>true</gitid.skip>
    </properties>
</profile>
```

使用该 profile，只需要在执行构建命令时，加上参数 -Pq（即 mvn clean install -Pq），即可跳过测试、忽略代码检查、不生成 site 和文档等，加速构建的过程。

这个 pom 可直接被 ODL 子项目中聚合的 pom 所继承。

2. odlparent

该 pom 继承自 odlparent-lite，主要提供 ODL 项目的依赖和插件管理。

如果 ODL 的项目或你自己写的模块依赖到如下第三方库，就需要继承 odlparent 这个 pom。

❑ Akka (and Scala)

❑ Apache Commons:

    ○ commons-codec

    ○ commons-fileupload

    ○ commons-io

    ○ commons-lang

    ○ commons-lang3

    ○ commons-net

❑ Apache Shiro

❑ Guava

❑ JAX-RS with Jersey

❑ JSON processing:

    ○ GSON

    ○ Jackson

❑ Logging:

    ○ Logback

    ○ SLF4J

❑ Netty

❑ OSGi:

    ○ Apache Felix

    ○ core OSGi dependencies (core,compendium…)

❑ Testing:

    ○ Hamcrest

    ○ JSON assert

    ○ JUnit

    ○ Mockito

    ○ Pax Exam

    ○ PowerMock

  ❑ XML/XSL:

    ○ Xerces

    ○ XML APIs

> **注意** 因为 ODL 所依赖的第三方库是动态的，可能会增加或删去某个第三方库依赖，所以这个列表不一定是完整准确的。

这个 pom 还配置了对 Java 源码的 Checkstyle 规则设置，特别的是对于所有 Java 代码，其强制必须附带 EPL License 的声明头。声明头格式要求如代码清单 2-3 所示。

代码清单 2-3　EPL license header

```
/*
 * Copyright © ${year} ${holder} and others.  All rights reserved.
 *
 * This program and the accompanying materials are made available under the
 * terms of the Eclipse Public License v1.0 which accompanies this distribution,
 * and is available at http://www.eclipse.org/legal/epl-v10.html
 */
```

其中，${year} 是代码发布年份，${holder} 是发布该代码的版权所有者。

2.3.2　模块构建

ODL 的模块遵循 OSGi 规范，在 OSGi 中，模块即 bundle。因此，构建 ODL 项目中的某个模块，即编译构建 OSGi 的 bundle。另外，ODL 的核心框架是 MD-SAL，由于 YANG 模型是贯穿模块设计的，且其是模块交互的基础，因此，以 YANG 模型驱动的模块设计是 ODL 中普适的设计模式，所以构建包含 YANG 模型的模块就成了 ODL 各子项目的公共需求。

1. bundle-parent

该 pom 继承自 odlparent，这个 pom 主要用来配置 OSGi bundle 的构建。在该 pom 中：

❑ maven-javadoc-plugin 被激活，用以构建 Javadoc 的 JAR 包。

❑ maven-source-plugin 被激活，用以构建源码的 JAR 包。

❑ maven-bundle-plugin 被激活（包括扩展），用以构建 OSGi bundles（使用"bundle"
类型打包）。

另外，在该 pom 中也增加了 JUnit 作为 test 范围的默认依赖，因此在 bundle 的编译构
建过程中，默认是会执行单元测试的。

2. dom-parent

这个 pom 不是在 odlparent 中定义的模块，而是在 mdsal 项目中。其继承自 bundle-
parent，在 bundle-parent 基础上只增加了对 yangtools 和 mdsal 的依赖管理（dependencyMan-
agement）。

3. binding-parent

该 pom 继承自 dom-parent，也是在子项目 mdsal 中定义的。该 pom 增加了通过 yang-
maven-plugin 插件对 YANG 文件的解析及根据解析的 YANG 文件自动生成代码的配置。
遵循 MD-SAL 框架设计的模块 pom 都可以继承自该 pom，生成的代码默认输出到 target/
generated-sources/mdsal-binding/，读者可以到这个目录下查看自动生成的代码。不过依据
Maven 的约定优于配置原则，不建议大家自行修改这个默认配置。

2.3.3 feature 组织

feature 是 Karaf 中引入的一个概念，通常是若干相关的 bundle 及其配置的集合。安装
这个 feature 的时候，相应的 bundle 也会被安装上去。通过 feature，极大地方便了 Karaf 中
对于 bundle 的管理。在 ODL 中，每个子项目的功能特性的发布也是按照 feature 发布的。

1. single-feature-parent

该 pom 继承自 odlparent，用以生成 Karaf 4 的 features：

❑ karaf-maven-plugin 被激活，用以构建 Karaf features，即以"feature"类型打包的
pom（"kar"类型也支持）。

❑ 基于 pom 中定义的依赖生成 feature.xml 文件，你也可以通过配置 src/main/feature/
feature.xml 文件来实现对 feature.xml 的初始化。

❑ Karaf feature 在构建完成后会被测试，以确保这些 feature 能在 Karaf 容器里安装
激活。

在生成 feature.xml 过程中，传递依赖默认会被添加，这样，我们只需要在 pom 中定义
最重要的直接依赖即可，其他的依赖会自动查找。

配置文件"configfiles"既要在 pom 中定义依赖，也要作为 feature.xml 的元素定义。feature 依赖的 feature 需要被定义为"xml"类型和"features"类别，具体配置可参考代码清单 2-4 和代码清单 2-5。

代码清单 2-4　pom 中 feature 依赖配置及 configfile 依赖配置

```
<dependency>
    <groupId>${project.groupId}</groupId>
    <artifactId>odl-config-startup</artifactId>
    <type>xml</type>
    <classifier>features</classifier>
</dependency>
<dependency>
    <!-- finalname="${config.configfile.directory}/${config.netty.configfile}" -->
    <groupId>${project.groupId}</groupId>
    <artifactId>config-netty-config</artifactId>
    <version>${project.version}</version>
    <type>xml</type>
    <classifier>config</classifier>
</dependency>
```

代码清单 2-5　feature.xml 文件中 configfile 标签配置

```
<configfile finalname="${configfile.directory}/${netty.configfile}">
    mvn:org.opendaylight.controller/config-netty-config/${project.version}/xml/config
</configfile>
```

2. feature-repo-parent

该 pom 继承自 odlparent，用以构建 Karaf 4 的 feature 库，且与 single-feature-parent 遵循同样的设计原则，其是为 feature 库专门设计的，它会把 pom 中的所有依赖的 feature 构建为一个 feature 库，并在构建过程中提供对 feature 的测试支持。

3. features-odlparent

这是一个包含了 ODL 依赖的基础 feature 库的 pom，包括 Karaf 自带的 feature，如 jdbc、jetty、war、feature 等，也包括 ODL 依赖的其他第三方库的 feature，比如 akka、guava、netty、lmax、triedmap、jersey、javassist、gson、jackson、apache-commons 等。

2.3.4　版本打包

1. karaf-plugin

ODL 社区设计了一个 Maven 插件 karaf-plugin，用来实现把所有依赖的组件发布到本地仓库的目的，其基本实现原理是根据打包的 feature 列表把其中所有依赖的 bundle 和配置都复制到本地仓库。插件源码实现不太复杂，感兴趣的读者可以直接下载 odlparent 项目阅读。

2. karaf4-parent

该 pom 用于构建 Karaf 4 的发布包，这个 pom 里用到了 karaf-plugin 这个插件，其会把所有运行时依赖的 feature 依赖都打包在这个发布包中，依赖的组件会被复制到发布包的 system 目录下，该目录的默认配置为 Karaf 的本地仓库。pom 文件中的属性 karaf.local-Feature 用来指定初始启动的 feature（除了 standard 外的 feature）。

构建的发布包可用于本地测试。

2.4 项目模板

2.4.1 项目目录布局设计

按照前面的 pom 层次设计及规范要求，一个典型的 ODL 子项目目录布局可设计如下：

```
/
|--- LICENSE                                项目许可证文本，通常为EPL 1.0许可证
|
|--- README.md                              MarkDown格式的项目说明
|
|--- pom.xml                                根（聚合其他模块）pom
|
|--- api                                    API模块（bundle）
|    |--- pom.xml
|    |--- src/main/yang/...
|
|--- artifacts                              Public artifacts pom
|    |--- pom.xml
|
|--- features                               Karaf features模块
|    |--- pom.xml
|    |--- src/main/features/features.xml
|
|--- impl                                   实现模块（bundle）
|    |--- pom.xml
|    |--- src/main/java/org/opendaylight/...
|    |--- src/test/java/org/opendaylight/...
|    |--- src/main/resources/org/opendaylight/blueprint/impl.xml
|
```

```
|--- it                                集成测试
|   |--- pom.xml
|   |--- src/main/java/org/opendaylight/...
|
|--- karaf                             karaf发布
|   |--- pom.xml
    | ...
```

> 📷 **注意** ODL 子项目或者你自己定义的项目一般都包含多个模块，为了方便处理，在上面的目录布局中，api 和 impl 可以一起放在一个单独的目录中。比如 module1，如果增加一个模块，那么就再增加一个子目录 module2，里面仍然可以按照 api 和 impl 的结构布局，api 和 impl 这两个目录名字也可以按照实际情况重新命名。

对于聚合的 pom 或者集成测试模块，我们一般是不需要发布该 pom 和模块的，如果我们不想发布 pom 和模块，可在 pom 文件里加上如代码清单 2-6 所示的配置。

代码清单 2-6 不准备发布的 pom 配置

```
<build>
    <plugins>
        <plugin>
            <groupId>org.apache.maven.plugins</groupId>
            <artifactId>maven-deploy-plugin</artifactId>
            <configuration>
                <skip>true</skip>
            </configuration>
        </plugin>
        <plugin>
            <groupId>org.apache.maven.plugins</groupId>
            <artifactId>maven-install-plugin</artifactId>
            <configuration>
                <skip>true</skip>
            </configuration>
        </plugin>
    </plugins>
</build>
```

2.4.2 ODL 模板项目

Maven 中有一个概念叫 achetype（原型），也可称之为项目模板，学会了上文的项目目录规划和布局，我们就可以设计一个 Maven 的模板项目（pom 中打包发布类型为 maven-achetype），后续如果我们想创建具有类似目录结构的项目，可以直接通过 Maven 的命令

mvn archetype:generate 创建该模板生成项目骨架，然后直接基于这个骨架把我们自己开发的代码添加进去。

其实，Maven archetype 项目在 ODL 最初发布的几个版本中就已经有了，不过这个项目原来是属于 controller 子项目的一部分，并且其提供的项目原型的目录结构和继承的 pom 也在一直调整。不过从氟版本（第 9 个发布版本）开始，原型项目就被独立出来，单独成立了一个 achetypes 项目，这样方便对原型项目的测试和发布。当前这个项目只包括一个 opendaylight-startup 项目原型，但并没有在氟版本中正式发布，如果读者想基于这个原型来创建基于 ODL 氟版本的自定义项目，可以考虑使用 SNAPSHOP 版本，通过下载 achetypes 源码，在本地构建安装这个项目，这样就可以在本地使用了。

2.5 本章小结

ODL 的项目管理用到的工具和基础设施除了 Maven，其他还有 JIRA、Jenkins、Nexus 等，因为其他工具与我们关注的项目源代码本身关系不大，所以就不介绍了。本章主要介绍了 ODL 利用 Maven 这个项目管理工具，不断地对自身进行优化和演进，逐步梳理清楚 ODL 中的项目间的层次结构关系，使其越来越合理，越来越容易被理解和掌握。

ODL 从碳版本到氮版本，完成了 Karaf 3 到 Karaf 4 的升级，虽然这个工作牵扯非常广，但由于对于 ODL 的所有项目的配置和依赖做到了通过 odlparent 统一管理，使得项目的构建配置和依赖配置设计十分清晰合理。因此，本次升级只跨了一个版本就完成了，这也验证了 ODL 社区在项目管理领域的不断成熟。

社区也曾经讨论过用 Gradle 取代 Maven 作为项目管理的工具，但并未确定是否会真的实施，目前看可能性不大。就算真的把 Maven 迁移为 Gradle，读者也无须担心，变化总是会向好的方面发展。其实无论是 ODL 的项目管理，还是 ODL 的基础架构，都处于一个持续发展的过程中，静止不变的开源项目是没有活力的。我们在理解 ODL 的基础架构时，也要时刻注意这一点，ODL 的基础架构也是逐步演进才达到目前的状态的，并且还处于不断向前的过程中，我们要以动态的眼光看待 ODL，这才是正确的态度。接下来我们将基于前面介绍的基础知识，聚焦 ODL 核心项目模块的设计原理和实现源码，让读者对 ODL 当前最新版本中的核心框架和实现原理有一个详尽的了解。

第二部分 *Part 2*

核心原理篇

ODL 基本对象的设计与实现

在 Java 的世界里，一切皆为对象。本章我们一起看一下 ODL 的基础架构中的几个基本对象的设计与实现，这些对象是构成 ODL MD-SAL 框架的基础，相当于构建高楼大厦的钢筋水泥。我们已经知道，ODL 核心框架是 YANG 模型驱动的服务抽象层。因此，ODL 中的基本对象就与 YANG 语言有直接的渊源。YANG 是对数据建模的语言，YANG 将数据的层次结构建模为树，称为数据树。数据树中每个节点都有一个名称，以及一个值或一组子节点。YANG 提供了清晰简洁的节点描述，以及这些节点之间的交互。本章介绍的基本对象就是对 YANG 语言里元素命名、数据树的索引和数据节点定义的抽象，也即 QName、YangInstanceIdentifier 和 NomalizedNode 三种对象。

3.1 QName

名不正则言不顺，在一个概念体系里，按照什么规范定义元素的名称是最基本的一个问题，本节就先介绍一下 ODL 对 MD-SAL 框架中基本元素的命名定义的抽象——QName。

3.1.1 QName 定义

QName（Qualified Name，限定名）简单理解就是添加了命名空间的成员名称。QName 来源于 XML，由 XML 的名字空间和 XML 元素名称组成，构成格式是名字空间（namespace）前缀以及冒号（:）再加一个元素名称（local name）。以代码清单 3-1 为例。

代码清单 3-1　XML 文本

```
<xsl:stylesheet xmlns:xsl="http://www.w3.org/1999/XSL/Transform"
xmlns="http://www.w3.org/TR/xhtml1/DTD/xhtml1-strict.dtd"
version="1.0">
    <xsl:template match="foo">
        <hr/>
    </xsl:template>
</xsl:stylesheet>
```

xsl 是名字空间前缀，template 是元素名称，xsl:template 就是一个 QName，而 template 称为 localName。举个例子方便大家理解，三国演义中，两将对阵，第一句就是问来者何人，一般回答类似"吾乃常山赵子龙是也"。这里的"常山赵子龙"就可以称为 QName，常山对应的就是 namespace，赵子龙对应的就是 localName。它对"赵子龙"添加了"地域"（对应命名空间）的限制，使得表达上更加准确。

为什么要从这个 QName 的定义讲起呢？从上述段落我们也可以看到，QName 是 XML 元素的限定名称，也是组成 XML 的最基本要素，只有理解了它才能进一步描述更加复杂的概念和关系。ODL 的 yangtools 项目里对 QName 的定义与 XML 里的定义非常类似，但又不是完全相同的。那有什么不同吗？相较于 XML 里 QName 的定义，ODL 里对于 QName 的定义增加了 YANG 模型定义文件里面的 revision 这个元属性。也就是说，ODL 里 QName 包含 namespace、localName 和 revision 这 3 个字符串类型的属性确定。

QName 类的定义源代码在 yangtools 子项目的 yang-common 模块内，即 yang/yang-common/ 目录下。下面我们先看一下 QName 类及相关类的类图，然后再讲解其中关键源代码实现。

从 QName 的定义中，我们知道其包含 local-Name、namespace 和 revision 这 3 个属性，而在 YANG 语言中，是通过 namespace 和 revision 这两个元属性来标识一个 YANG 的 Module。即在 ODL 的设计中，设计了 QNameModule 与 Revision 这两个类来封装这两个元属性及其相关操作。QName、QName-Module 与 Revision 类关系如图 3-1 所示。

通过图 3-1，我们应该能清晰地看出这 3 个类之间是组合关系，即 QName 包含 1 个 QName-Module 对象变量，QNameModule 包含 1 个 Revision

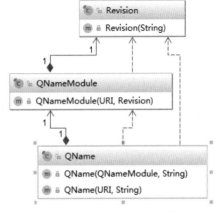

图 3-1　QName、QNameModule 与 Revision 类关系图

对象变量。这 3 个类包含的属性我们可以看作是字符串类型变量,因此设计这样 3 个类应该不是什么复杂的事情,下面直接上 QName、QNameModule 和 Revision 的类图设计(图 3-2)和源码来对照看看。

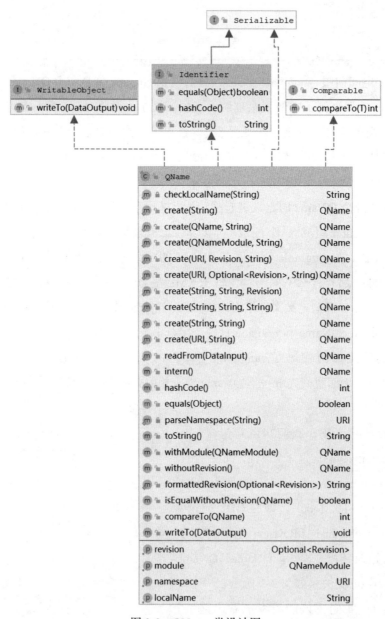

图 3-2 QName 类设计图

看 QName 类的源代码的话,我们可以看到源码中定义了两个类成员变量 localName 和

module，localName 就是一个 String 类型的对象，而 module 就是为 QNameModule 类定义的对象。在图 3-2，QName 的 4 个属性就来源于这 2 个成员变量，如代码清单 3-2 所示。

代码清单 3-2　QName 类定义

```
public final class QName implements Immutable, Serializable, Comparable<QName>,
    Identifier, WritableObject {
    private static final Interner<QName> INTERNER = Interners.newWeakInterner();
    private static final long serialVersionUID = 5398411242927766414L;
    ......
    private final @NonNull QNameModule module;
    private final @NonNull String localName;
    ......
}
```

从代码清单 3-2 中，我们看到 QName 中包含了一个 QNameModule 类型的变量，下面是 QNameModule 类的设计图（图 3-3）及源码，如代码清单 3-3 所示。

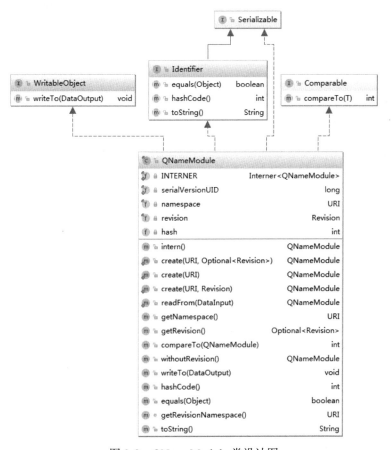

图 3-3　QNameModule 类设计图

代码清单 3-3 QNameModule 类定义

```
public final class QNameModule implements Comparable<QNameModule>, Immutable,
    Serializable, Identifier, WritableObject {
    private static final Interner<QNameModule> INTERNER = Interners.newWeakInterner();
    private static final long serialVersionUID = 3L;

    private final @NonNull URI namespace;
    private final @Nullable Revision revision;
    ......
}
```

从上文也能看出它包含了一个 Revision 类型的变量，在 YANG 中，revison 元属性是一个日期格式的字符串，类似 2019-03-14。在 ODL 早期版本的 Revison 定义中，通过使用 Java 中的 Date 类型定义处理这个变量，但我们知道，Java 使用基本类库中的 java.util.Date 对象来封装当前的日期和时间，Date 对象内部保存的只是一个 long 型的变量，保存的是自格林尼治时间（GMT）1970 年 1 月 1 日 0 点至 Date 对象所表示时刻所经过的毫秒数。所以，如果某一时刻遍布于世界各地的程序员同时执行 new Date 语句，这些 Date 对象所存的毫秒数是完全一样的。也就是说，Date 里存放的毫秒数是与时区无关的。把 Date 对象解析为具体的时间时，需要先读取操作系统当前所设置的时区，然后根据这个时区将把毫秒数解释成该时区的时间。即同一个 Date 对象，按不同的时区来格式化，这样就会得到不同时区的时间。

不过这样一来就把问题搞复杂了，本来就是一个简单字符串，如果通过 Date 对象来表示，不仅涉及两者的互相转换，要考虑格式，还要考虑时区，这确实有一些问题。这启示我们，在进行设计时，千万不要过度设计，宁缺毋滥。在最新的 ODL 版本 Revison 的类定义中，去掉了 Date 类型变量的定义，只包含了一个字符串变量，其类图（图 3-4）和源码如代码清单 3-4 所示。

代码清单 3-4 Revision 类定义

```
public final class Revision implements Comparable<Revision>, Serializable {
    // Note: since we are using writeReplace() this version is not significant.
    private static final long serialVersionUID = 1L;
    ......
    private final @NonNull String str;

    public static @NonNull Revision of(final @NonNull String str) {
        return new Revision(str);
    }
}
```

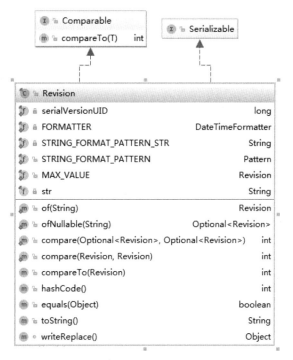

图 3-4　Revision 类设计图

　　从上面 3 个类图和源码的实现中能看出每个类的设计都不复杂，每个类只包含基本属性及相关操作，遵循了面向对象的类设计中的单一职责的设计原则。

　　知识点　所谓单一职责的设计原则是指每一个类应该有且只有一个变化的原因。当需求变化时，将通过更改职责相关的类来体现。如果一个类拥有多于一个的职责，则多个职责耦合在一起，会有多个原因导致这个类发生变化。一个职责的变化可能会影响到其他的职责，另外，把多个职责耦合在一起，会影响复用性。

　　从图 3-2 无序列化接口和 SerialVersionUID 属性能看到，它们都实现了 Serializable 和 Comparable 接口，也即支持序列化和比较的功能，我们也看到，每个类都定义了一个 serialVersionUID 属性。

　　知识点　serialVersionUID 适用于 Java 的序列化机制。简单来说，Java 的序列化机制是通过判断类的 serialVersionUID 来验证版本一致性的。在进行反序列化时，JVM 会把传来的字节流中的 serialVersionUID 与本地相应实体类的 serialVersionUID 进行比较，如果相同就认为是一致的，可以进行反序列化，否则就会出现序列化版本不一致

的异常，即是 InvalidCastException。Java 序列化的最佳实践就是显式地声明 Serial-VersionUID，避免反序列化过程中可能出现的问题，因此实现接口 Serializable 的类必须声明一个 static，final 并且是 long 类型的 SerialVersionUID 属性，根据兼容性确定是否变更这个属性值。

对于实现 Comparable 接口的类，就要实现 compareTo() 方法类实现对象的比较。我们知道，在 Java 中关于对象的比较，还可以通过 equals() 方法和"=="方法，那对于 QName 的比较，到底是如何实现的，我们在 3.1.2 节会介绍。

3.1.2 QName 对象比较

从 QName 类的定义中我们看到其实现了 Comparable 接口，也即实现了 compareTo() 方法，具体实现如代码清单 3-5 所示。

代码清单 3-5　QName 比较实现

```java
public int compareTo(final QName o) {
// compare mandatory localName parameter
    int result = localName.compareTo(o.localName);
    if (result != 0) {
        return result;
    }
    return module.compareTo(o.module);
}
```

从这个方法中可以看出，两个 QName 作比较时，localName 会先比较，如果 local-Name 相同，再继续比较其包含的 QNameModule 对象，我们再看一下 QNameModule 的 compareTo() 方法实现，如代码清单 3-6 所示。

代码清单 3-6　QName 比较实现

```java
public int compareTo(final QNameModule o) {
    int cmp = namespace.compareTo(o.namespace);
    if (cmp != 0) {
        return cmp;
    }
    return Revision.compare(revision, o.revision);
}
```

QNameModule 比较时，会先比较 namespace，如果 namespace 相同，则继续比较 revision。其中 Revision.compare() 的实现最终调用了 Java 里 String 类的 compareTo() 方法，比较的返

回值就是 String 类的 compareTo() 方法的返回值，即相等时返回 0，不等时，返回两个字符串第一个不同的字符的差值。通过以上代码，对于 QName 的比较的过程及原理，我相信读者应该会比较清楚了。

> **注意** Java 中对象的比较，equals、==、compareTo 这 3 种方式是有区别的，== 是对象引用（地址）的比较，返回值为 true 或 false。equals 方法依赖于 ==，但对于 String 类型，equals 是对字符串内容的比较，因为 String 重写了 equals 方法。对于自定义对象的，如果想比较对象内容，也必须重写 equals 方法，否则，其实现与 == 等同。而 compareTo 是按照 Character 对象比较，对于字符串对象来说，是按照字典的顺序来比较字符串，如果两个字符串相等则为 0，若不等，则前面的字符串按照字典顺序较大则为正数，反之为负数。

3.1.3　QName 对象创建

在了解了 QName 对象的定义和比较后，再看看创建 QName 对象的方法，从图 3-2 能看到 QName 提供了多个 create 方法创建 QName 对象，读者可以灵活使用上述方法创建 QName 对象。其中一点值得我们注意的地方是，在 ODL 代码里，经常看到在创建 QName 后，最后加上 intern() 方法，如代码清单 3-7 所示。

代码清单 3-7　QName 对象创建

```
private static QName createQName(final String namespace, final String localName) {
    return QName.create(namespace, localName).intern();
}
```

这是为什么呢？我们知道，在 QName 的定义中，namespace、revision、localName 都可以看作是在 YANG 文件中定义的常量字符串，而 Java 中 String 类也设计了 intern() 方法，其设计的初衷就是利用字符串常量池重用 String 对象，以节省内存消耗。我们看一下 QName 的 intern() 方法的实现代码，如代码清单 3-8 所示。

代码清单 3-8　intern() 方法实现

```
public QName intern() {
    final QNameModule cacheMod = module.intern();
    final QName template = cacheMod == module ? this : QName.create(cacheMod,
        localName.intern());
    return INTERNER.intern(template);
}
```

代码中，INTERNER 的定义为：

```
private static final Interner<QName> INTERNER = Interners.newWeakInterner();
```

Interners 为 guava 库的类，为什么用 guava 库而不直接用 JDK 中字符串的 intern 方法呢？因为 JDK 不同版本（JDK6,7,8）中 String 实现的 intern 方法的机制不太一样，使得在使用时可能导致出现某些问题，因此不建议直接用 String 的 intern 方法。而 guava 库中的 Interners 类对 intern 做了许多的优化，如使用弱引用包装你传入的字符串类型等。这样就不会对内存造成较大的影响。使用该类的 intern(str) 来进行对字符串 intern，解决了直接使用 String 类中 intern() 方法可能存在的问题。从这里也可以看出，ODL 对于 QName 这个类的实现上十分用心。

3.2 YangInstanceIdentifier

我们已经知道 YANG 定义的数据模型就是一个数据树，在 YANG 语言中，有一个内建类型 instance-identifier 用来唯一标识数据树中某个节点。对应的，在 ODL 中也定义了一个基本的类 YangInstanceIdentifier。这是一个分层的、基于内容的、唯一的标识符，用来对数据树中数据项的寻址，代表了数据树中某个节点的路径。下面我们可以看到其类定义用到了 3.1 节中 QName。

3.2.1 Path 接口定义

说到路径，我们最熟悉的路径就是在计算机中文件系统的目录路径，另外还有一个可能大家不怎么熟悉，即 XPath（XML Path language），它是一种用类似目录树的方法来描述在 XML 文档中的路径，这两种路径的共同点是都使用 "/" 来表示上下层级间的间隔，中间是节点或层次的名称。在 XPath 中，我们还能使用运算符（带谓语的表达式），类似于 /bookstore/book[price>35.0] 这样对树中的条目进行过滤和筛选。YANG 中 instance-identifier 语法格式是 XPath 的简化格式的子集。

那路径有什么特点呢？首先是路径具有相对性，我们描述一条路径一定是说从某个节点（树的根节点也是节点）到另一个节点的路径；其次，把若干条路径拼接起来，其形式还是路径，把一条路径从分割符 "/" 处拆成几部分，每一部分也还是路径的形式，也就是说路径在形式上是自包含的。在 ODL 中，定义了一个 Path 接口来描述上面的特性，下面看一下 Path 接口的定义，如代码清单 3-9 所示。

代码清单 3-9　Path 接口定义

```
public interface Path<P extends Path<P>> {
    /**
     * Check if this path contains some other.
     *
     * @param other Other path, may not be null.
     * @return True if this path contains the other.
     */
    boolean contains(@NonNull P other);
}
```

该接口的定义巧妙地用到了 Java 中范型，定义了一个 contains 方法，该接口定义描述了上面我们说的路径的本质。这个接口定义很简洁、精练。读者可以仔细体会一下其蕴含的魅力。

知识点　Java 中范型即"参数化类型"。顾名思义，就是将原来具体的类型参数化，类似于方法中的变量参数，此时类型也定义成参数形式（可以称之为类型形参），然后在使用 / 调用时传入具体的类型（类型实参）。泛型的好处是在编译时能检查类型安全，并能捕捉类型不匹配的错误，而且所有的强制转换都是隐式的和自动的，提高了代码的重用率。

3.2.2　YangInstanceIdentifier 的类定义

本节讲的 YangInstanceIdentifier 类实现了这个 Path 接口，因此可以说 YangInstance-Identifier 类就是表示了数据树中的节点访问路径的定义。接下来，我们看一下 yangtools 项目里对 YangInstanceIdentifier 类的定义，如代码清单 3-10 所示，其源码路径在 yang/yang-data-api 目录下。

代码清单 3-10　YangInstanceIdentifier 类定义

```
public abstract class YangInstanceIdentifier implements
    Path<YangInstanceIdentifier>, Immutable, Serializable {
    private final int hash;
    ......
    public abstract List<PathArgument> getPathArguments();
    boolean contains(@Nonnull final YangInstanceIdentifier other){...}
    ......
}
```

这是一个抽象类，为了简洁，类中省略了一些方法声明。我们知道文件系统的目录路径由文件夹名称组成，XPath 由 XML 的"元素名称 + 谓语表达式"组成。在 ODL 中，YangInstanceIdentifier 由 PathArgument 组成，即 PathArgument 就是组成 YangInstanceIdentifier 的要素，具体来说就是一组有序的 PathArgument 列表构成一条访问路径（一个 YangInstance-Identifier 对象）。

PathArgument，顾名思义，即构成路径的参数，其定义如代码清单 3-11 所示。

代码清单 3-11　PathArgument 定义

```
public interface PathArgument extends Comparable<PathArgument>, Immutable, Serializable {
    QName getNodeType();
    String toRelativeString(PathArgument previous);
}
```

从这段代码中我们看到 PathArgument 是一个接口，它定义了两个方法 QName getNode-Type() 和 String toRelativeString(PathArgument previous)。第一个方法表示它的定义里包含 QName，这表示构成路径的基本参数就是数据树中的节点名（QName），第二个方法表示它可以表示成一个包含其前驱节点路径参数的字符串。

图 3-5 是 PathArgument 接口及其实现类的类图。

PathArgument 接口及其实现类的定义都位于 YangInstanceIdentifier 类定义文件中，具体实现 PathArgument 这个接口的 3 个子类分别为 NodeIdentifier、NodeIdentifierWithPredicates 和 NodeWithValue。其分别代表了标识 YANG 定义的数据树的 container 和 leaf 路径参数，标识数据树的 list 中的条目的路径参数与标识数据树中 leaf-list 的路径参数。

了解了构成 YangInstanceIdentifier 的参数和要素 PathArgument，下面看下 YangInstance-Identifier 类图，如图 3-6 所示。

从图 3-6 的 YangInstanceIdentifier 类设计，能看到它包含一组 PathArgument，这个类定义中还包含了几个创建（create、of、node）类实例的方法，还提供了一个 builder() 方法返回构建类以实现该类对象的构建。由于 YangInstanceIdentifier 只是一个抽象类，要构造类对象，就必须要有具体实现类。在 yangtools 项目源码中，其实现类有两个：FixedYangInstance-Identifier 和 StackedYangInstanceIdentifier。这两个实现类主要区别是在其内部一个按照普通的列表处理方式来实现的，一个是按照栈的逻辑实现的。由于这两个实现类不是 public 的，因此这两个类在其定义的 package 外面是无法被访问的。所以，我们只能通过 YangInstance-Identifier 类提供的构造方法或者提供的 Bunilder 来构造 YangInstanceIdentifier 实例，这样的设计保证了访问和构造 YangInstanceIdentifier 对象的安全性。

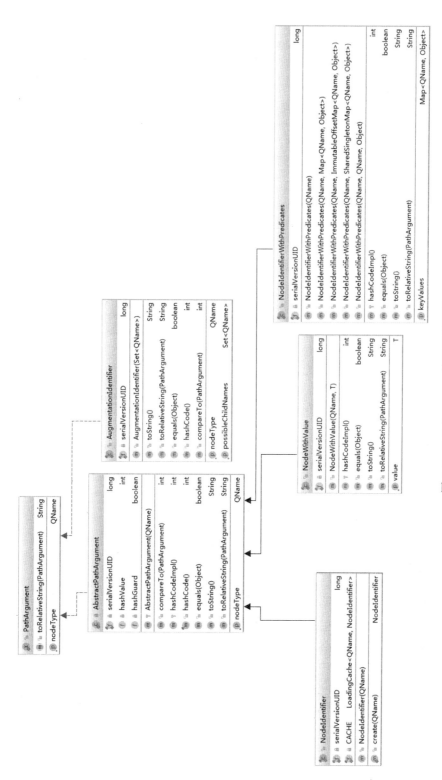

图 3-5　PathArgument 接口及实现类

图 3-6 　YangInstanceIdentifier 类图

3.2.3 　YangInstanceIdentifier 的比较

　　因为 YangInstanceIdentifier 本质是访问数据树的路径，那么在查询和检索数据树时，就避免不了进行 YangInstanceIdentifier 对象的比较。YangInstanceIdentifier 有两个方法进行比较，一个是 equals，其实现代码如代码清单 3-12 所示。

代码清单 3-12 　YangInstanceIdentifier 的 equals 方法实现

```
public boolean equals(final Object obj) {
    if (this == obj) {
        return true;
    }
}
```

```
    if (!(obj instanceof YangInstanceIdentifier)) {
        return false;
    }
    YangInstanceIdentifier other = (YangInstanceIdentifier) obj;
    if (this.hashCode() != obj.hashCode()) {
        return false;
    }

    return pathArgumentsEqual(other);
}
```

这个方法覆写了 Object 的 equals() 方法, 这段实现代码里第一个 if 判断即如果引用一致, 则两个对象一定相等; 第二个 if 判断, 如果两者类型不一致, 则肯定不相等, 也对后面的强制类型转换做了保护, 来避免出现异常。再看上面的部分代码, 比较两个对象的 hash 值, 如果两者 hash 值不同, 则两者肯定不相等, 最后再调用一个方法去比较 Yang-InstanceIdentifier 的 PathArgument 是否都相同。这段实现代码充分考虑到了效率和异常保护, 值得我们参考和借鉴。

另外一个比较方法就是 Path 接口定义的 contains() 方法, 实现代码如代码清单 3-13 所示。

代码清单 3-13　YangInstanceIdentifier 的 contains 方法实现

```
public final boolean contains(@Nonnull final YangInstanceIdentifier other) {
    if (this == other) {
        return true;
    }

    checkArgument(other != null, "other should not be null");
    final Iterator<PathArgument> lit = getPathArguments().iterator();
    final Iterator<PathArgument> oit = other.getPathArguments().iterator();

    while (lit.hasNext()) {
        if (!oit.hasNext()) {
            return false;
        }

        if (!lit.next().equals(oit.next())) {
            return false;
        }
    }

    return true;
}
```

从这段代码实现上,可以看出其比较的过程,从第一个 PathArgument 开始比较,依次迭代进行比较所有源路径里 PathArgument 是否与目标路径(方法入参 other)里的 PathArgument 相等,如果两者比较过程中源路径已到末尾,且源路径最后一个 PathArgument 仍然相等,则返回 true。简单理解上述处理逻辑就是 PathArgument 依次比较且都相等的情况下,短的路径包含长的路径。

3.2.4 InstanceIdentifier 类

其实,在基于 ODL 进行应用开发时,经常使用到的是 binding 接口,而 binding 接口的定义,并没有直接使用到 YangInstanceIdentifier 这个类,而是用的 InstanceIdentifier 这个类,这个类的定义不在 yangtools 项目中,而是在 mdsal 项目的 binding/yang-binding 目录下,代码清单 3-14 是它的类定义源码。

代码清单 3-14 YangInstanceIdentifier 的 contains 方法实现

```
public class InstanceIdentifier<T extends DataObject> implements
    Path<Instance-Identifier<? extends DataObject>>, Immutable, Serializable {
    ......
    final Iterable<PathArgument> pathArguments;
    private final Class<T> targetType;
    ......
}
```

这个类也代表路径,其内部包含了一个迭代器类型变量 pathArguments,可以看作是 PathArgument 列表。但这个类的定义里包含了一个 Class 类型的变量 targetType,使其把路径与根据 yang 文件生成的 Java 类关联了起来,以方便大家可以直接使用根据 yang 生成的类。

InstanceIdentifier 也提供了一个 builder 类以实现 InstanceIdentifier 对象的创建,使用方法如下所示:

```
InstanceIdentifierBuilder.builder(Nodes.class).child(Node.class, new NodeKey(new
    NodeId("openflow:1")).build();
```

Binding 与 Binding-dependent 接口,在后续的章节中还会介绍,在此不再详述。

3.3 NomalizedNode

本节将介绍 ODL 中数据树节点的抽象定义。要讲数据节点的抽象定义,我们首先要了解 YANG 中如何定义数据树中各种节点。在 YANG 语言中，提供了 container、list、leaf-list、leaf、choice、augment 等关键词来定义数据树的层次和节点。在 ODL 的最初版本中，yangtools 项目下有一个类 Node 作为所有数据节点的基础抽象。为了更加符合 YANG 的规范中的实际含义，从锂版本开始，依据 YANG 规范重新定义了 NormalizedNode 类来作为数据节点的基础数据节点的抽象。这个新的数据抽象节点定义。

3.3.1　NormalizedNode 类的定义

YANG 语言里支持的节点类型有多种，比如 leaf、list、leaf-list、choice、augment 等，对于这么多数据节点类型，如何使用 Java 定义一个通用的接口来统一表示上述节点类型呢？

先来看一下 NormalizedNode 及其子类的设计，使我们对 YANG 中各类型节点定义和 ODL 中数据节点定义有一个总的认识。

❑ NormalizedNode - 树结构中表示一个节点的基础类型；所有其他类型都继承自该基础类型。它包含了一个 identifier 和一个 value。

❑ DataContainerNode - 所有可包含子节点的节点，在 YANG 语法中无直接对应的表示。

❑ ContainerNode - 容器 Node，非重复的，可包含多个子节点的节点，对应 YANG 中的 container。

❑ MapEntryNode - 表示一个可多次出现的节点，可以通过它的 key 进行唯一标识，MapEntryNode 可能包含多个子叶子节点。MapEntryNode 对应 YANG 中 list 的一条实例。

❑ ChoiceNode - 表示一个非重复出现，但可能包含不同类型的值的节点，对应 YANG 中 choice 语句，类型对应 choice 下的 case 描述。

❑ AugmentationNode - 对应 YANG 中的 augment 节点定义，非重复的。

❑ LeafNode - 叶子节点，非重复节点，包含一个简单类型的值，不包含子节点。对应 YANG 里的 leaf 节点。

❑ LeafSetEntryNode - 可多次重复出现的叶子节点，对应 YANG 里的 leaf-list 定义的节点的一条实例。

❑ LeafSetNode - 特殊节点，其包含特定类型的 LeafSetEntryNode 节点，对应 YANG 里的 leaf-list。

❑ MapNode - 特殊节点，包含 MapEntryNode 节点，对应 YANG 里的 list。

上面的节点定义与 YANG 中的节点概念对照关系如表 3-1 所示。

表 3-1　YANG 语句与 ODL 节点抽象的对应

YANG 概念	ODL 中节点抽象	YANG 概念	ODL 中节点抽象
Leaf	LeafNode	Choice	ChoiceNode
Leaf List	LeafSetNode	Case	ChoiceNode
Container	ContainerNode	Augmentation(container,list)	AugmentationNode
List	MapEntryNode	Augmentation(choice)	ChoiceNode

上面定义的各种节点抽象接口定义的继承关系，从图 3-7 可以更清楚地看出来。

以上接口的定义都是继承自 NormalizedNode，下面通过代码清单 3-15 看一下 NormalizedNode 这个接口的源码。

代码清单 3-15　NormalizedNode 接口定义

```
public interface NormalizedNode<K extends PathArgument, V> extends
    Identifiable<K> {
    QName getNodeType();
    @Override
    @Nonnull K getIdentifier();
    @Nonnull V getValue();
}
```

从该接口，能看到其给出了一个节点的通用抽象。每个节点都需要有一个名字，即是 QName；要能唯一标识，即定义了继承自 PathArgument 的 K；要能包含值，即定义了 V。并在接口的定义中用到了泛型，这样上述 K、V 就能根据需要，替换为各种具体类型。虽然具体的实现类型多样，但所有接口又能按照 NormalizedNode 这个通用接口来进行处理和引用，这就为我们在代码实现时按照统一的方式处理各种类型提供了便利，这可以看作运用 Java 面向对象的多态特性的一个非常好的例子。

> **知识点**　何为多态性？在面向对象的语言中，接口的不同种类实现方式即为多态，在具体使用的过程中，允许将子类类型的引用赋值给父类类型的引用，赋值之后，父对象就可以根据当前赋值给它的子对象的特性以不同的方式执行。

多态性实现主要依靠动态绑定原理。由于是动态绑定，因此可以统一用 NormalizedNode 类型的引用指向其子接口或子类，极大地方便了编程实现。后述章节中，ODL 中大量接口的定义就是以 NormalizedNode 接口作为入参的。

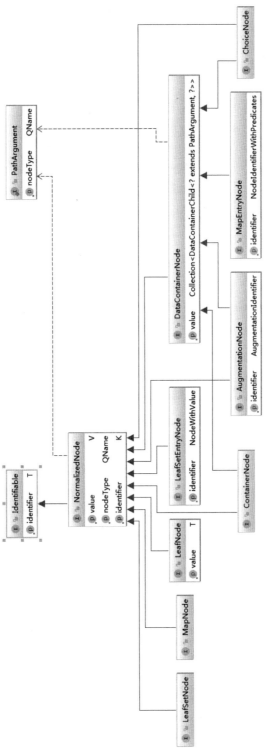

图 3-7　NormalizedNode 及其子接口继承关系图

从上面我们看到，对于数据节点的接口定义及抽象，ODL 定义的层次还是比较清晰的，但是 YANG 语言在规范中含有大量的细节，使其在代码实现层面一次性考虑的面面俱到是不可能的。因此，社区代码中这一部分发现的 Bug 是比较多的，社区也在不断优化这部分的设计和实现。

3.3.2 NormalizedNode 实例的创建

上面介绍的只是一些接口定义，我们是无法直接使用其来创建实例的，如果我们想创建节点实例，可以使用 ODL 里封装的一系列 Builder。这些类定义在 yangtools 项目的 yang/yang-data-impl 模块内。图 3-8 列出了 ODL 提供的创建数据树节点的各种 Builder 类。

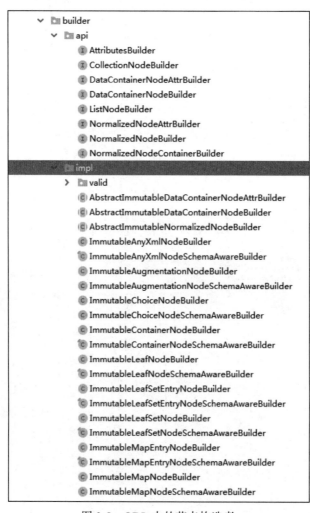

图 3-8　ODL 中的节点构造者

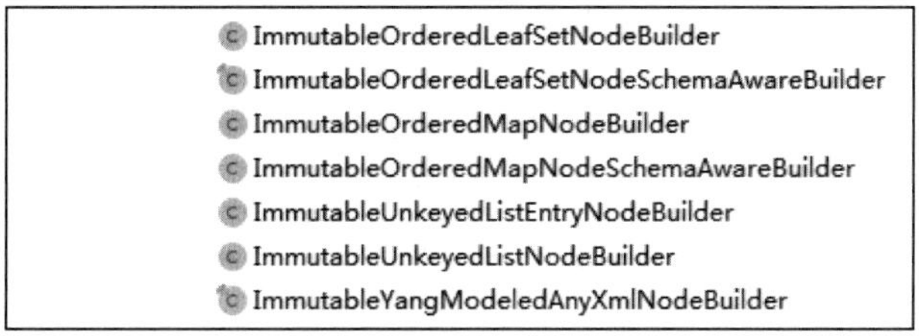

图 3-8　（续）

使用这些 Builder 构造节点对象时，其入参会用到 3.1 节介绍的 QName，YangInstance-Identifier，构建的实例代码可以参考 ODL 社区中 yangtools 项目里的 yang-data-impl 里的测试代码。

3.4　本章小结

本章主要介绍了 ODL 构建核心架构 MD-SAL 的最基础的几个对象。"合抱之木，生于毫末，九层之塔，起于垒土"。这几个对象是构建 ODL 大厦的基石，理解这几个最基础的对象，是理解 ODL 核心架构源码的前提，后续章节将继续基于这个基础，介绍其核心数据结构——DataTree。

Chapter 4 第 4 章

数据树的设计与实现

YANG 语言建模的数据结构是具有层次结构的数据树,在第 3 章中已经介绍了构成数据树的要素的基本对象,本章将介绍 ODL 中数据树(DataTree)数据结构的设计与实现,包括数据树相关的基本概念、数据树的 Java 接口设计、数据树的操作及数据校验、MVCC 机制实现。

4.1 基本概念

树是一种应用广泛的层次化的数据解构,操作系统的文件目录就是典型的树形结构。树是以分支关系定义的层次结构。由根节点和若干(0 个或多个)子树构成的,根节点只有一个,除了根节点,每个子树只有一个父节点,没有子树的节点称之为叶子节点。

在 ODL 中,被控制的网络被看作一个由 YANG 语言建模的巨大的状态机,YANG 语言设计的数据模型就是一种层次化的树状数据模型,在 ODL 中设计数据树这种数据结构的目的是为了反映用 YANG 语言定义的数据模型,并考虑能对其进行并发、高效、一致的读写操作。以下对 ODL 中数据树涉及的几个基本概念的含义做个简要说明。

❑ 数据树 – 一种实例化的树形结构,表示所建模的问题域的配置或操作状态数据。

❑ 状态数据树 – 由网络 / 系统发布、上报的状态,表示应用程序持续观察到的网络 / 系统的状态。

❑ 配置数据树 – 系统或网络的预期状态,是由用户给出的配置,表达其想要网络达到的期望状态。

❑ 数据树标识 – 数据树中特定子树的唯一标识符。它由一个类型（配置或状态）和子树根节点的实例标识符组成。

❑ 数据树快照（DataTreeSnapshot）– 数据树的只读快照，快照具有稳定性及隔离性，但在快照上看不到数据树快照之后的数据变更。

❑ 数据树变更（DataTreeModification）– 基于数据树快照对数据树所做的一组变更，通过原快照 + 数据变更，可创建新的数据树快照。

❑ 数据树候选者（DataTreeCandidate）– 已验证且合法有效的数据树变更，该候选者可被原子提交到数据树，通过它可获取变更前后的数据树，但变更前后的数据树内容只包括本次变更涉及的数据节点。

❑ MVCC– 多版本并发控制（Multi-Version Concurrency Control）。

4.1.1　配置树与状态树

数据树的概念来自 RFC 6020（即 YANG 语言规范），可分为两个类型的实例，即配置树和状态树。其中，配置意味着是用户期望的系统状态，即任何配置数据也应该是有效的状态数据。YANG 语言在这些实例的数量和语义上不是严格可扩展的，这使得留下了很多实现细节。

ODL MD-SAL 中没有对配置和状态数据树分别单独设计，它们遵循完全一致的设计接口和实现逻辑，只是被初始化为两个单独的实例，并且它们都可以通过数据树标识完全寻址。协议插件或应用程序访问的是配置树还是状态树，是在调用 MD-SAL 定义的接口时由入参指定的，系统接收到用户的预期配置到系统真正达到期望的状态是一个异步的过程。

配置树和状态树都是概念数据树的实例，数据树中的任何数据项都通过 YangInstance-Identifier 对象进行寻址，该对象是一个唯一的、分层的、基于内容的标识符。因此，所有应用程序都使用数据树标识符对象（即配置树或状态树类型 +YangInstanceIdentifier）来标识数据树中的数据项。

4.1.2　标识与定位

4.1.1 节提到的数据树标识与数据树的位置是两个概念，这里的数据树标识不包含资源的访问机制，因此两者的关系更像 URN 与 URL 的关系，而非 URI 与 URL 的关系。其实，MD-SAL 提供了对数据树的位置透明的访问，MD-SAL 框架实现了如何定位数据的具体访问位置。当然，这取决于数据存储的具体的实现方式，例如可以将数据存储在不同的后端（内存，SQL，NoSQL 等），不过对于访问数据的用户来说，不需要知道后端的具体定位实现方式，只需要知道传入的是配置树还是状态树，并加上 YangInstanceIdentifier 即可。通过 YangInstanceIdentifier 查找数据项需要分两步执行：

1. 执行最长前缀匹配以定位该标识符的存储后端实例。

2. 掩码路径元素由存储引擎解析。

4.1.3 快照与 MVCC

要实现数据库的并发访问的控制，最简单的做法就是加锁访问，这样的加锁访问，其实并不算是真正的并发，因为它最终实现的是操作串行化，这样就大大降低了数据库的读写性能。人们一般把基于锁的并发控制机制称为悲观机制。

基于提升并发性能的考虑，数据库一般都实现了多版本并发控制（MVCC）机制。它在很多情况下避免了加锁操作，等到提交的时候才检验是否有冲突。由于没有锁，所以操作不会相互阻塞，从而大大地提升了并发性能。人们把 MVCC 机制也称为乐观机制。

MVCC 的实现是通过保存数据在某个时间点的快照来实现的，每个操作都会看到一个一致性的快照，在操作时为不影响已有数据的一致性，对数据的操作并不是直接提交生效的，而是生成数据的不同版本，最后在正式提交前，执行冲突检测，如果不存在冲突，则新版本数据正式被提交生效。

4.2 数据树的设计与实现

4.2.1 Tree 结构的设计

要定义树结构首先要定义出树节点，对于一个树节点，其本质特征就是包含若干（0 个或者多个）子节点，这样在节点之间才能建立层次化的父子关系。下面的 StoreTreeNode 接口定义是对这个特征的抽象和简洁表示，源码如代码清单 4-1 所示。

代码清单 4-1　StoreTreeNode 接口定义

```
public interface StoreTreeNode<C extends StoreTreeNode<C>> {
    Optional<C> getChild(PathArgument child);
}
```

代码清单 4-1 中的接口定义了用到了泛型，定义出了最基本的树结构的节点抽象，每个 StoreTreeNode 包含了若干 StoreTreeNode 类型的子节点。再看一下 TreeNode 接口的源代码，如代码清单 4-2 所示。该接口继承自 StoreTreeNode 接口。

代码清单 4-2　TreeNode 接口定义

```
public interface TreeNode extends Identifiable<PathArgument>, StoreTreeNode<TreeNode> {
    Version getVersion();
    Version getSubtreeVersion();
    NormalizedNode<?, ?> getData();
    MutableTreeNode mutable();
}
```

在 TreeNode 接口中，增加了节点版本号（version 和 subversion）的方法和节点值的定义，这里 version 在 TreeNode 的意义主要是为了实现后面对数据树操作的 MVCC 机制所考虑。不需要看这两个接口的具体实现，这两个接口本身已给出了满足 ODL 中数据树对于树节点的本质抽象。后面的代码中，对于树节点的操作，也是采用的面向上述抽象接口的编程，面向接口编程就是把接口与实现分离，利用 Java 语言继承和多态性，统一针对接口进行编码，可以有效减少代码间耦合性，方便维护与扩展。

🔒注意　接口与抽象类有时可以实现同样的设计效果，但抽象类一般是当某一些类的实现有共通之处，则可以抽象出来一个抽象类，让抽象类实现接口的公用的代码，而那些个性化的方法则由各个子类去实现。而接口只需负责对实现它的类的方法进行规范，不需要考虑方法的实现。因此，使用抽象类是为了代码的复用，而使用接口是为了实现多态性。

下面我们再看看 TreeNode 的创建，在 ODL 中，定义了一个工厂类 TreeNodeFactory，负责 TreeNode 的创建，实现源代码如代码清单 4-3 所示。

代码清单 4-3　TreeNodeFactory 类的定义

```
public final class TreeNodeFactory {
    private TreeNodeFactory() {
        throw new UnsupportedOperationException("Utility class should not be
            instantiated");
    }

    public static TreeNode createTreeNode(final NormalizedNode<?, ?> data, final
        Version version) {
        if (data instanceof NormalizedNodeContainer<?, ?, ?>) {
            @SuppressWarnings("unchecked")
            final NormalizedNodeContainer<?, ?, NormalizedNode<?, ?>> container =
                (NormalizedNodeContainer<?, ?, NormalizedNode<?, ?>>) data;
```

```
        return new SimpleContainerNode(container, version);
    }
    if (data instanceof OrderedNodeContainer<?>) {
        @SuppressWarnings("unchecked")
        final OrderedNodeContainer<NormalizedNode<?, ?>> container =
                (OrderedNodeContainer<NormalizedNode<?, ?>>) data;
        return new SimpleContainerNode(container, version);
    }
    return new ValueNode(data, version);
    }
}
```

这个地方使用工厂设计模式是合适的，使用创建工厂（TreeNodeFactory）创建 Tree-
Node 对象令开发者可以不用直接关注多样化的 NormalizedNode 节点实现，使设计和代码
实现更简洁。

知识点　工厂设计模式，顾名思义，就是用来生产对象的，在 Java 中，如果创建
对象的时候直接使用 new 创建对象，就会使该对象耦合严重，假如我们要变更对象，所
有使用 new 创建对象的地方都需要修改一遍，这显然违背了软件设计的开闭原则。但如
果我们使用工厂来生产对象，我们就只需和工厂打交道就可以了，彻底和对象解耦，如
果要更换对象，直接在工厂里更换该对象即可，达到了使用者与被使用对象解耦的目的。

图 4-1 是 TreeNode 相关的接口及其创建工厂类的关系图，并不复杂，不再赘言。

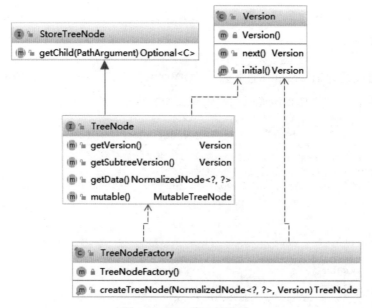

图 4-1　Tree 接口的设计

4.2.2　DataTree 相关接口定义

我们前面提到了 ODL 中 DataTree 的设计目标是为了实现对 YANG 中定义的数据树的并发、高效、一致的操作。为了实现这个目标，引入了 MVCC 机制，MVCC 中包括数据的版本、数据的快照、原子提交等概念。另外，为了保证数据变更及数据提交的完整性和一致性，还需要支持三阶段提交（检查，预提交，提交三个阶段）。我们可以看到在如下几个接口设计中，都是围绕着这几个概念展开的。

首先是 DataTreeTip 接口和 DataTree 接口，其中 DataTree 接口继承自 DataTreeTip，DataTree 接口中定义了获取快照的方法 takeSnapshot()，以及数据变更检查 validate()，数据变更准备 prepare() 和数据变更提交 commit() 这 3 个方法。具体实现代码见代码清单 4-4、代码清单 4-5 所示。

代码清单 4-4　DataTree 接口定义

```
public interface DataTree extends DataTreeTip {
    DataTreeSnapshot takeSnapshot();
    void setSchemaContext(SchemaContext newSchemaContext);
    void commit(DataTreeCandidate candidate);
    YangInstanceIdentifier getRootPath();
}
```

代码清单 4-5　DataTreeTip 接口定义

```
public interface DataTreeTip {
  void validate(DataTreeModification modification);
  DataTreeCandidateTip prepare(DataTreeModification modification);
}
```

快照是 MVCC 机制中比较重要的一个概念，快照具有隔离性和不变性两个特征。基于数据的某个快照，可以对数据进行变更操作，代码清单 4-6 就是数据树快照接口的定义代码。

代码清单 4-6　DataTreeSnapshot 接口定义

```
public interface DataTreeSnapshot {
    Optional<NormalizedNode<?, ?>> readNode(YangInstanceIdentifier path);
    DataTreeModification newModification();
    default @NonNull SchemaContext getSchemaContext() {
        throw new UnsupportedOperationException("Not implemented by  " + get-
            Class());
    }
}
```

DataTreeSnapshot 接口中定义了从快照中读取数据的方法及创建数据变更的方法。数据变更是基于某个快照对数据做的一组操作（操作可以是 delete、write、merge、也可以是 read），数据树变更接口继承自数据树快照接口，增加了 delete、write、merge、ready 方法，前面三个方法是对数据树的增、删、更新的操作方法，而 ready 方法则是表示本次变更已经就绪，本次变更不再接受增、删、更新的操作了。数据变更接口的定义源码如代码清单 4-7 所示。

代码清单 4-7　DataTreeModification 接口定义

```
public interface DataTreeModification extends DataTreeSnapshot {
    void delete(YangInstanceIdentifier path);
    void merge(YangInstanceIdentifier path, NormalizedNode<?, ?> data);
    void write(YangInstanceIdentifier path, NormalizedNode<?, ?> data);
    void ready();
    void applyToCursor(@Nonnull DataTreeModificationCursor cursor);
}
```

数据变更准备就绪后，可以根据准备就绪的数据变更创建新的数据版本视图，该数据版本视图需被提交到数据树中以完成本次数据变更的生效，更新后的数据版本视图称之为 DataTreeCandidate，其接口定义如代码清单 4-8 所示。

代码清单 4-8　DataTreeCandidate 接口定义

```
public interface DataTreeCandidate {
    DataTreeCandidateNode getRootNode();
    YangInstanceIdentifier getRootPath();
    @Override
    int hashCode();
    @Override
    boolean equals(Object obj);
}
```

最后，DataTree 的对象创建也应用了工厂创建模式，因此还有一个 DataTreeFactory 接口定义，该接口定义了三种创建 DataTree 对象的方法，源码如代码清单 4-9 所示。

代码清单 4-9　DataTreeCandidate 接口定义

```
public interface DataTreeFactory {
    DataTree create(DataTreeConfiguration treeConfig);
    DataTree create(DataTreeConfiguration treeConfig, SchemaContext initial-
        SchemaContext);
    DataTree create(DataTreeConfiguration treeConfig, SchemaContext initialSchema-
        Context, NormalizedNodeContainer<?, ?, ?> initialRoot);
}
```

图 4-2 是上面介绍的相关接口定义及它们的关系图，供参考。

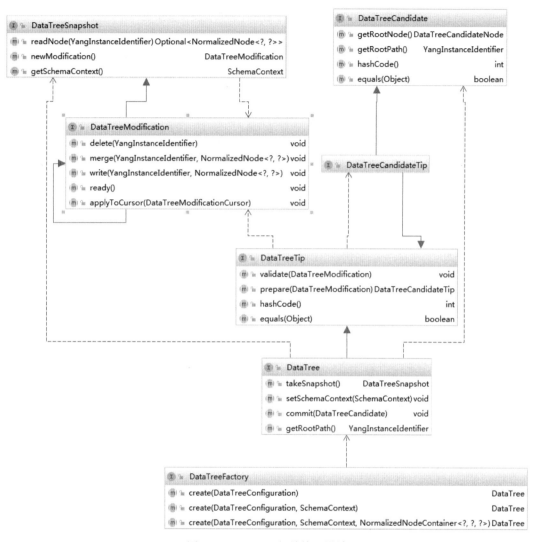

图 4-2　DataTree 相关接口设计

4.2.3　DataTree 的创建

由于 DataTree 的创建采用的工厂模式，因此，DataTreeFactory 接口的定义及其具体实现是用的抽象工厂设计模式。具体就是定义一个工厂接口，然后再提供若干实现该接口的工厂类。我们在创建对象时，统一使用工厂接口，这就达到了使对象的创建被实现在工厂接口所暴露出来的方法中。具体参考代码清单 4-10 的 ODL 的 yangtools 项目的实现代码。

代码清单 4-10   DataTreeFactory 接口定义及其实现代码

```
public interface DataTreeFactory {
    DataTree create(DataTreeConfiguration treeConfig);
    ......
}
...
public final class InMemoryDataTreeFactory implements DataTreeFactory {
@Override
    public DataTree create(final DataTreeConfiguration treeConfig) {
        return new InMemoryDataTree(TreeNodeFactory.createTreeNode(createRoot
            (treeConfig.getRootPath()), Version.initial()), treeConfig, null);
    }
    ......
}
```

最终创建的是 InMemoryDataTree 的一个实例，而 InMemoryDataTree 类实现了 DataTree 接口，如代码清单 4-11 所示。

代码清单 4-11   InMemoryDataTree 类源代码

```
final class InMemoryDataTree extends AbstractDataTreeTip implements DataTree {
......
    private static final AtomicReferenceFieldUpdater<InMemoryDataTree, DataTree-
        State> STATE_UPDATER =
AtomicReferenceFieldUpdater.newUpdater(InMemoryDataTree.class, DataTreeState.class,
    "state");
    /**
     * Current data store state generation.
     */
    private volatile DataTreeState state;
......
    @Override
    public YangInstanceIdentifier getRootPath() {
        return treeConfig.getRootPath();
    }
......
}
```

InMemoryDataTree 类包含了一个成员 DataTreeState，DataTreeState 里终于与 TreeNode 关联起来了，即代码清单 4-12 所示。

代码清单 4-12   InMemoryDataTree 类源代码

```
final class DataTreeState {
......
    private final TreeNode root;
......
}
```

图 4-3 就是 DataTree 实例创建中所涉及的接口及实现类。

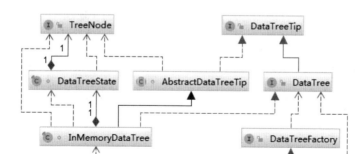

图 4-3 DataTree 实例创建

4.3 数据树的读写过程

读者需要知道一个阅读 ODL 源码的技巧,那就是如果我们直接看 ODL 的实现源码无法了解清楚实现流程的话,那我们可以先看该模块的单元测试代码是怎样测试的,根据测试代码就可以看出接口方法到底是如何调用的,以及以什么顺序调用的。

下面我们看代码清单 4-13 这个从 yang-data-impl 这个模块的测试代码中简化的对 Data-Tree 写操作的代码。

代码清单 4-13 DataTreeCandidate 接口定义

```
{
    0.  dataTree = new InMemoryDataTreeFactory()
             .create(DataTreeConfiguration.DEFAULT_OPERATIONAL, schemaContext);
    /*以下代码演示数据树操作*/
    1. final DataTreeSnapshot dataTreeSnapshot = dataTree.takeSnapshot();
    2. final DataTreeModification modification = dataTreeSnapshot.newModification();

    3. modification.write(TestModel.TEST_PATH, ImmutableNodes.containerNode(Test-
       Model.TEST_QNAME));
    4. modification.ready();

    5. dataTree.validate(modification);
    6. final DataTreeCandidate prepare = dataTree.prepare(modification);
    7. dataTree.commit(prepare);
    /*以上代码演示数据树操作*/
}
```

对代码清单 4-13 中每一行代码说明如下:

0. 通过 InMemoryDataTreeFactory 创建一个 DataTree 对象。

1. 调用 DataTree 的 takeSnapshot() 方法获取 DataTree 的快照。

2. 调用快照的 newModification() 方法创建 DataTreeModification 对象。

3. 调用 modification 的 write() 方法，记录写入的路径以及写入的数据。

4.ready() 表示本次修改就绪，不能在该 modification 对象里调用写操作方法了。

5. 调用 DataTree 的 validate() 方法校验本次修改是否合法，即是否同时有其他线程在修改该数据。

6. 调用 DataTree 的 prepare() 方法，准备本次修改生成的 candidate，可以看作是预提交。

7. 调用 DataTree 的 commit() 方法，把 candidate 提交到 DataTree，完成本次的 DataTree 修改。

把上述流程画成流程图，如图 4-4 所示。

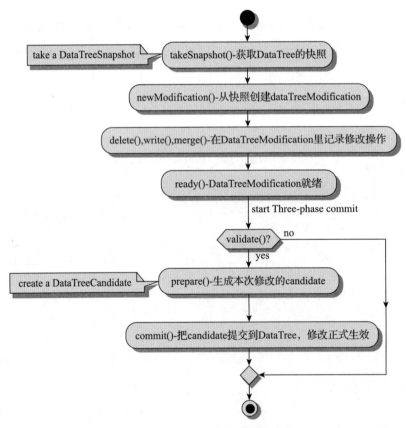

图 4-4　DataTree 写操作流程图

4.3.1　快照实现原理

从上面看到对数据树读写的第一步就是先获取数据的某个时间点的快照，并且快照具有不变性和隔离性。下面先了解生成快照的具体代码实现，首先是 InMemoryDataTree 类的 takeSnapshot() 方法。

代码清单 4-14 中，state 是 DataTreeState 类的实例，直接调用了 DataTreeState 的创建快照方法，也就是代码清单 4-15 实现代码。

代码清单 4-14　takeSnapshot() 代码

```
public InMemoryDataTreeSnapshot takeSnapshot() {
    return state.newSnapshot();
}
```

代码清单 4-15　DataTreeState 的 newSnapshot() 代码

```
InMemoryDataTreeSnapshot newSnapshot() {
    return new InMemoryDataTreeSnapshot(schemaContext, root, holder.newSnapshot());
}
```

从 4.3 节的内容，我们知道，真正的 Tree 是在 DataTreeState 里的，即在包含了 TreeNode 类型的 root 节点引用。Tree 结构的一个特点就是从 root 节点可以遍历整棵树。DataTree 的创建快照 takeSnapshot() 方法就是获取某一时刻 DataTree 的 root 节点引用。

4.3.2　数据校验的实现

DataTree 接口的实现类 InMemoryDataTree 类继承自 AbstractDataTreeTip，AbstractData-TreeTip 类中 validate() 和 prepare() 方法的实现源码如代码清单 4-16 所示。

代码清单 4-16　数据校验实现代码

```
public final void validate(final DataTreeModification modification) throws DataVali-
        dationFailedException {
    final InMemoryDataTreeModification m = checkedCast(modification);
    checkArgument(m.isSealed(), "Attempted to verify unsealed modification %s", m);

    m.getStrategy().checkApplicable(new ModificationPath(getRootPath()), m.getRoot-
        Modification(),Optional.of(getTipRoot()), m.getVersion());
}

public final DataTreeCandidateTip prepare(final DataTreeModification modification) {
    final InMemoryDataTreeModification m = checkedCast(modification);
    checkArgument(m.isSealed(), "Attempted to prepare unsealed modification %s", m);
```

```
final ModifiedNode root = m.getRootModification();

final TreeNode currentRoot = getTipRoot();
if (root.getOperation() == LogicalOperation.NONE) {
    return new NoopDataTreeCandidate(YangInstanceIdentifier.EMPTY, root,
        currentRoot);
}

final Optional<TreeNode> newRoot = m.getStrategy().apply(m.getRootModification(),
    Optional.of(currentRoot),m.getVersion());
checkState(newRoot.isPresent(), "Apply strategy failed to produce root node
    for modification %s", modification);
return new InMemoryDataTreeCandidate(YangInstanceIdentifier.EMPTY, root,
    currentRoot, newRoot.get());
}
```

从这两个实现方法，可以看到主要是调用了 DataTreeModification 的 getStrategy().check-Applicable() 和 getStrategy().apply() 方法来实现的，其中 getStategy() 返回的是什么呢？从 InMemoryDataTreeModification 类定义中，代码清单 4-17 所示。

代码清单 4-17　InMemoryDataTreeModification 的类定义

```
final class InMemoryDataTreeModification {
......
    private final RootModificationApplyOperation strategyTree;
......
    ModificationApplyOperation getStrategy() {
        return strategyTree;
    }
......
}
```

从这段代码，我们知道了 getStrategy() 返回的是一个 RootModificationApplyOperation 类型的对象。接下来讲解一下这部分的设计实现思路。

我们从第 3 章知道，YANG 定义的节点类型有多种，因此 NormalizedNode 的具体实现也有多种，我们可以想象，在对某些具体节点进行修改时，如果节点类型不同，其修改策略肯定也有差异。对于这个问题，ODL 中是采用了策略模式进行设计和编码的。

知识点　何为策略模式？我们为了完成一项任务，往往可以采取多种不同的方式，每一种方式被称为一个策略，我们可以根据环境或者条件的不同选择不同的策略来完成该项任务。同样，在软件开发中也常常遇到这种情况，有多个路径（策略）可以实现某个功能，此时需要把每一个解决途径（策略）封装起来，并让它们可以互相替换，且能

够方便的增加新的解决途径（策略），这就是策略模式。策略模式包括环境类、抽象策略类、具体策略类。抽象策略类通常是一个接口或抽象类，具体策略类实现抽象策略类，实现具体的算法和行为，环境类持有具体的策略实现类的引用。

策略模式对应到 ODL 的具体代码中，设计为定义一个抽象类 ModificationApply-Operation 来作为抽象策略类，针对每种节点类型的修改问题，创建了若干具体的修改策略类，比如 LeafModificaitonStrategy、ContainerModificationStrategy、AugmentationModifica-tionStrategy 等。DataTreeModification 就是策略的环境类，通过调用它的 write()、merge() 和 delete() 方法，根据传入的 NormalizedNode 的具体类型会创建具体的策略实现类。

用户在调用 DataTree 的 validate() 时，就会调用 DataTreeModification 里保存的具体的修改策略类的 checkApplicable() 方法进行校验，调用 DataTree 的 prepare() 时，就会调用具体的修改策略类的 apply() 方法，生成一个新的数据树版本。上述每一种具体策略类的方法都是单独封装的，互相独立。

4.4　MVCC 机制与实现

4.4.1　版本号变更规则

我们先了解一下数据树的多个版本是如何生成的。从上面章节我们知道，可以基于快照（DataTreeSnapshot）和创建修改（DataTreeModification），通过 DataTreeModification 执行 write()、merge() 和 delete() 操作。注意以上这些操作都不会修改数据树的 root 节点及其包含的子节点，也就是不会修改快照。实际上，在代码实现中，根据用户的操作又创建了两棵树：修改记录树和修改操作策略树。修改操作策略树节点 ModificationApplyOperation 的定义在 4.3 节已经简单提过，这里再看一下修改记录树节点 ModifiedNode 的定义，如代码清单 4-18 所示。

代码清单 4-18　修改记录树节点定义代码

```
final class ModifiedNode extends NodeModification implements StoreTreeNode <Modi-
    fiedNode> {
......
    private final Map<PathArgument, ModifiedNode> children;

    @Override
    Collection<ModifiedNode> getChildren() {
```

```
        return children.values();
    }
......
}
```

ModifiedNode 类实现了 StoreTreeNode 接口，记录了所有修改的子节点。

修改树与修改操作策略树创建的过程如下：假如我们要修改数据树上的某个子节点，且该子节点由一条路径 P 标识，则在记录对于该子节点的操作时，会按照路径 P 经过的节点建立一棵层次结构相同的修改树，同时，也会创建一棵修改策略树，当然，不经过 P 的节点不会出现在这两棵树中。

如果不考虑对数据树的并发操作，那我们只需要把上述修改记录按照对应的修改策略应用到原来的数据树上就可以，但由于我们需要实现 MVCC（多版本并发控制），就不能简单地把修改直接提交到数据树上，而必须要基于原数据树及修改记录来创建一棵新的树，也就是数据树的一个新版本。这里注意，我们仍然不会动快照里的数据树的 root 节点。我们从前面章节里了解到 TreeNode 的定义里是包含版本号的，也就是说数据树的每个节点都有版本号，我们再回顾一下 TreeNode 接口的定义，如代码清单 4-19 所示。

代码清单 4-19　TreeNode 定义代码

```
public interface TreeNode extends Identifiable<PathArgument>, StoreTreeNode<Tree-
    Node> {
    Version getVersion();
    Version getSubtreeVersion();
    NormalizedNode<?, ?> getData();
    MutableTreeNode mutable();
}
```

数据树节点 TreeNode 接口的定义中，有 getVersion() 和 getSubtreeversion() 两个方法，解释一下这两个方法的区别。1）getVersion() 是获取该数据节点的版本号，这个版本号在本节点写或该节点的父节点写时，会被更新。也就是说在该节点被替换时，Version 会更新。2）getSubtreeversion() 是获取子树的版本号，这个版本号在该节点的子节点被创建、替换或删除时，会更新。

下面通过图 4-5 来简单的演示一下当数据树进行写操作时，数据树里所有节点的版本号的更新规则。假设一棵树的初始状态包括一个根节点，两个子节点，各节点的 version 及 subtreeversion 如图 4-5 中从左边数第 1 棵树所示。从左边数第 2 棵树表示更新了这棵树其中的一个子节点，这种情况，根节点的 subtreeversion 会更新，与更新后的子节点的

version 一致，除此之外的其他节点的 version，subtreeversion 都保持不变。第 3 棵树表示当在右子节点下增加一个子节点时，根节点及其右子节点的 subtreeversion 都会被更新，且与新增加的子节点的 version 一致，除此之外的其他节点的 version，subtreeversion 都保持不变。第 4 棵树表示在根节点的右子节点下再增加一个子节点，使根节点及其右子节点的 subversion 都会被更新，且与新增加的子节点的 version 一致，除此之外的其他节点的 version、subtreeversion 都保持不变。

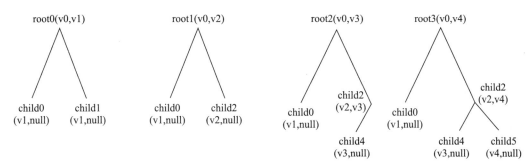

图 4-5　数据树节点变更时版本号的变化示意图

总结一下生成新版本的数据树时，数据树中节点版本更新规则见表 4-1。

表 4-1　数据树节点版本变更规则

Data Change	Version Changes
replace children	child.version = ++parent.subtreeversion
insert children	child.version = ++parent.subtreeversion
delete children	++parent.subtreeversion

4.4.2　并发控制

在生成新版本的数据树时，并没有描述在进行并发操作时，当对某个树节点修改发生冲突的问题。接下来就看一下冲突检测是如何实现的。

我们在前面了解了快照的不变性以及数据树中节点更新时，节点版本的更新规则。假设有两个修改 modi1 和 modi2 并发对数据树的同一个节点进行操作，修改完成后，需要调用 DataTree 的 validate(final DataTreeModification modification) 方法对修改进行冲突检测，这是因为 modification 是基于快照创建的，快照里保存了那个时刻的数据树，而且是不变的。

对于 modi1 的修改，如果在调用 validate 时，DataTree 没有更新，那么可以确定，快照里的数据树 root 节点与 DataTree 里的 root 节点是同一个，这样，检测就是无冲突的。此时，我们就可以调用 DataTree 的 prepare(final DataTreeModification modification) 方法生成一个数据树的新版本（candidate 版本），再把这个新版本（candidate 版本）正式提交。这样，新的数据树就替换了原来的数据树。

对于 modi2 的修改，再调用 validate 时，由于 DataTree 已经更新，因此快照里的数据树 root 节点与 DataTree 里的 root 节点就不是一个了。从表 4-1 数据树节点版本的更新规则，当子节点修改后，会更新其父节点的 subtreeversion，同时子节点的 version 也会更新为和其父节点 subtreeversion 相同。这样，我们在把 modi2 基于快照里的子节点的 version 与更新后的 DataTree 里的对应子节点的 version 进行比较时，会发现不相等，这说明数据树的该子节点已经被其他修改更新了。此时，会显示出一个修改冲突的异常，终止本次修改操作。这样就防止了并发修改同一个子节点的问题。

当考虑到两个修改不是对同一个子节点进行操作，且这两个节点没有包含关系，那可以确定，无论哪个修改都不会更新另外的节点的版本号，这样在检测时，就不会报冲突。无论哪个修改先提交，后一个修改都会在前一个修改的基础上正常修改提交，最终数据树里的树节点里数据是一致的。这样，就实现了数据树的不冲突节点的并发修改。

当在调用 DataTree 的 prepare(final DataTreeModification modification) 方法生成新的版本的数据树后，要调用 DataTree 的 commit(final DataTreeCandidate candidate) 方法使新版本的数据树正式提交生效，但 Java 里的对象赋值操作并不是一个原子操作，那么如何保证并发修改后新版本的数据树的原子提交也必须是我们要考虑到的问题。

通过代码清单 4-20 所示的 InMemoryDataTree 的数据树状态 state 的定义方式，我们再进一步了解代码中是如何实现原子提交的。

代码清单 4-20　State 定义代码

```
final class InMemoryDataTree extends AbstractDataTreeTip implements DataTree {
    private static final AtomicReferenceFieldUpdater<InMemoryDataTree, DataTree-
        State> STATE_UPDATER =
        AtomicReferenceFieldUpdater.newUpdater(InMemoryDataTree.class, DataTree-
        State.class, "state");
        private volatile DataTreeState state;
    ......
}
```

在定义 DataTreeState 变量时，使用了 volatile 关键词，为什么要这样定义？

知识点　volatile 是 Java 中一种轻量级的同步机制，它主要有两个特性：一是保证共享变量对所有线程的可见性；二是禁止指令重新排序优化。同时需要注意的是，

volatile 对于单个共享变量的读 / 写具有原子性，但是对于复合操作，volatile 无法保证其原子性。那对于复合操作应如何保证其原子性呢，那就需要使用并发包中的原子操作类（这里就是 AtomicReferenceFieldUpdater），通过循环 CAS 的方式来保证。

详细的 commit() 方法实现代码如代码清单 4-21 所示。

代码清单 4-21　commit() 方法实现代码

```
public void commit(final DataTreeCandidate candidate) {
    if (candidate instanceof NoopDataTreeCandidate) {
        return;
    }
    Preconditions.checkArgument(candidate instanceof InMemoryDataTreeCandidate,
        "Invalid candidate class %s",
        candidate.getClass());
    final InMemoryDataTreeCandidate c = (InMemoryDataTreeCandidate)candidate;

    final TreeNode newRoot = c.getTipRoot();
    DataTreeState currentState;
    DataTreeState newState;
    do {
        currentState = state;
        final TreeNode currentRoot = currentState.getRoot();

        final TreeNode oldRoot = c.getBeforeRoot();
        if (oldRoot != currentRoot) {
            final String oldStr = simpleToString(oldRoot);
            final String currentStr = simpleToString(currentRoot);
            throw new IllegalStateException("Store tree " + currentStr + " and
                candidate base " + oldStr
                + " differ.");
        }

        newState = currentState.withRoot(newRoot);
    } while (!STATE_UPDATER.compareAndSet(this, currentState, newState));
}
```

4.5　本章小结

本章主要介绍了 ODL 中数据树（DataTree）的定义及对数据树操作的 MVCC 机制，DataTree 是 ODL 中构建 MD-SAL DataStore 的最基本的数据结构，第 5 章将继续介绍 ODL 中是如何基于 DataTree 设计数据分片，进而把分片封装成具有事务能力的 DataStore 的。

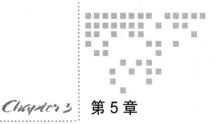

MD-SAL DataStore 接口设计

接下来几章我们讲解 MD-SAL 架构的核心设计与实现。MD-SAL 是 ODL 的基础设施组件，提供了消息驱动机制和数据存储功能，其消息和数据都是由应用开发者通过 YANG 语言来定义的。这里，数据存储主要是 MD-SAL DataStore，消息机制包括 MD-SAL RPC、MD-SAL Notification 及 MD-SAL DataStore DataChangeEvent，接下来几章将会分别介绍这些内容。

ODL MD-SAL 架构之所以灵活是因为其遵循了接口与设计分离的原则，本章我们先分析 MD-SAL DataStore 的接口设计，DataStore 的接口设计分为 DataStore 的 SPI 接口设计与 DataStore 的 API 接口设计，其中 API 接口中又可分为 SAL Binding API 和 SAL Core API（DOM API）两类，如图 5-1 所示。

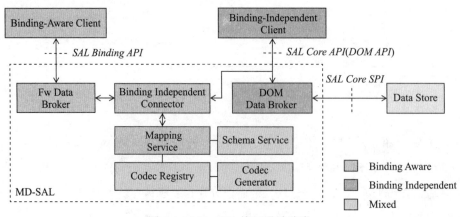

图 5-1　MD-SAL 接口设计分类

无论是 DataStore 的 SPI 还是 API，都是 Java 的接口设计，设计这些接口的目的是为了定义 DataStore 的访问与操作的规范，而由于 DataStore 的访问与操作都被封装为基于事务机制，因此，这些接口设计都是围绕事务这个核心概念展开的。本章将先从事务概念入手，再进而结合源码，介绍 DataStore 相关的 SPI 和 API 接口设计。

5.1　基本概念

❑ MD-SAL DataStore – 是 ODL 基于数据树结构提供的用于数据存储的组件，可以看作是一个内存数据库。

❑ 事务 – 一组被看作对数据树操作的原子单元。一个事务中的操作是同生共死的，即这组操作要么都成功，要么都失败。

❑ 事务链 – 一组按序执行的事务。事务链中的事务需要按序提交，每个事务必须要能看到前一个事务的结果，就好像前面的事务已经完成了。事务链无法保证事务的原子性，实际上，事务链中的事务是按照尽力而为的方式提交的。

❑ 分片 – 包含数据树中的一棵子树，负责该子树的存储和访问。

❑ 三阶段提交 – 3PC（3 Phase Commit）协议，即把事务的提交分为 canCommit、preCommit 和 doCommit 三个阶段，用以协调事务的处理，保证数据的一致性。

❑ 数据变更通知 – 对 DataStore 中的数据进行操作所引起的数据变更，会以通知的形式发送给订阅者，这是 MD-SAL 提供的其中一种发布 / 订阅的消息驱动机制。

❑ MD-SAL SPI - Java 中，SPI 全称为（Service Provider Interface），是 JDK 内置的一种服务提供发现机制，其实现一般由使用的用户提供。但在 ODL MD-SAL 中，SPI 与一般的接口定义没有区别，设计这类接口目的是给予用户扩展订制化以实现便利性和灵活性。

❑ Binding-Aware API – 使用由 YANG 模型生成的接口和类定义的 API，这类 API 确保了编译期的安全性，使用这类接口对开发者而言更自然，更简单。

❑ Binding-Independent API – 又称 DOM（Document Object Model）API，使用类似于 DOM 数据表示（也就是我们第 3 章介绍的 NormalizedNode 和 YangInstanceIdentifier）定义的 API，这类接口提供的功能非常强大，但无法确保编译期的安全性。

5.1.1 事务和事务链

在 ODL 中，对 DataStore 的访问与操作都是基于事务机制的，这样设计的目的是为了保证数据处理的一致性。第 4 章讲过采用 MVCC 机制实现了对 DataTree 的操作的高效并发和一致的操作，这里的事务机制其实是基于上面的 MVCC 机制封装实现的。封装的事务可分为读事务、写事务和读写事务 3 种，读事务提供了对 DataStore 的某一时刻时数据树状态的快照的稳定读视图，并且不会受到并发的其他事务的影响。写事务提供了修改 DataStore 的数据树的能力，也是基于数据树快照的，而且，所有并发的写事务之间都是隔离的。由于写事务里的操作都是针对本地的，仅仅表示一个对数据树的变更提议，所以其他的写事务是看不到的。数据树的本地变更需要调用 commit() 方法并且返回成功时，本次写事务的变更操作才正式提交到 DataStore 里，但由于并发的写事务可能产生冲突，因此，commit()方法可能返回失败。

单独创建一个写事务或读写事务，正满足大多数情况下对 DataStore 的操作，但在某些情况下，对于某些有内在关联的事务，希望其能够按照先后顺序执行，这样不仅能解决并发事务可能出现的冲突问题，还能提高操作的效率。因此，MD-SAL 对 DataStore 的操作还封装了一种称之为事务链的机制，事务链允许在事务间创建一个链，一个事务的执行是基于成功提交一个或多个前置的事务，其中有两种类型的链式事务：

❑ Join Transaction - 不包含任何数据变更的事务，但可能需要多个父事务作为前提条件。此事务表示成功完成前提条件后的数据树状态。

❑ Data Modification Transaction - 需要具有前置父事务作为该事务的初始状态，父事务包含了需要的数据变更。

5.1.2 数据分片

第 4 章中，讲到数据树可分为状态树和配置树，这两个树也可以被看作是两个数据分片。在很多情况下，把数据分成两个分片是不够的，我们希望能够把数据按照更细粒度对其进行分片，可以理解为把一棵大的数据树分成若干子树，这每一个子树就是一个数据分片，如图 5-2 所示，整个数据树（DataStore）被分为 5 个分片。

在 ODL 中，数据分片具有如下特点：1）对某一数据树分片时限定为只是状态树，或只是配置树，而不能既是状态树又是配置树。2）数据树分片被设计为可嵌套的，也就是一个数据分片还可以拆分出若干个子分片。3）分片可以通过 YangInstanceIdentifier 进行索引。

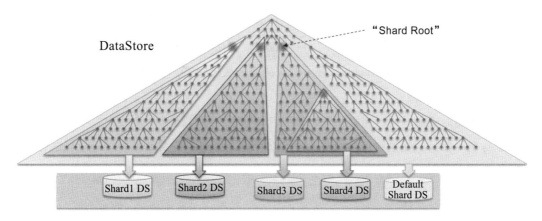

图 5-2　数据分片示意图

对数据进行分片的好处是在集群环境中可采用负载均衡策略提高数据处理性能，通过保存分片的多个副本，达到提高系统可靠性的目的。但同时，这也带来了一定的复杂性，特别是在 5.1.1 节提到的事务机制中。在分布式集群环境中，DataStore 是包含多个数据树分片的，因此，处理多个分片的数据操作就是处理分布式事务，这不是一件简单的事。那要如何处理的呢？这就要依据下面介绍的三阶段提交协议。

5.1.3　三阶段提交

DataStore 通过引入事务机制，保证了每个独立节点上的数据树操作可以满足原子性、隔离性和一致性。但是，在集群环境中，相互独立的节点之间是无法准确地知道其他节点中的事务执行情况的。所以从理论上讲，两台机器无法达到一致的状态。如果想要让分布式部署的多台机器中的数据保持一致性，那么就需要保证在所有节点的数据进行写操作时，要么全部都执行，要么全部的都不执行。但是，一台机器在执行本地事务的时候是无法知道其他机器中的本地事务的执行结果的，那么他也就不知道本次事务到底应该 commit 还是 roolback。所以，常规的解决办法就是引入了一个"协调者"来统一调度所有分布式节点的执行。引入协调者后，协调者可以把提交过程分为 2 个阶段或 3 个阶段。其中两阶段提交（2PC）也被称为两阶段提交协议（Two-phase commit protocol），是使基于分布式系统架构下的所有节点在进行事务提交时能够保持一致性而设计的算法。两阶段提交的算法思路可以概括为：参与者将操作成败通知协调者，再由协调者根据所有参与者的反馈情况决定各参与者是否要提交操作还是中止操作。所谓的两个阶段是指：第一阶段，准备阶段（投票阶段）和第二阶段，提交阶段（执行阶段）。

由于两阶段提交存在着诸如同步阻塞、单点问题、脑裂等缺陷，所以，研究者们在两阶段提交的基础上做了改进，提出了三阶段提交。三阶段提交（3PC），也称三阶段提交协议（Three-phase commit protocol），是两阶段提交的改进版本。与两阶段提交不同的是，三阶段提交有两个改动点：

❑ 引入超时机制，同时在协调者和参与者中都引入超时机制。

❑ 在第一阶段和第二阶段中插入一个准备阶段。保证了在最后提交阶段之前各参与节点的状态是一致的。

可以理解为，除了引入超时机制之外，3PC 把 2PC 的准备阶段再次一分为二，这样三阶段提交就有 CanCommit、PreCommit 和 DoCommit 3 个阶段。如图 5-3 所示。

理解了上述概念，我们再结合 ODL 的源码分别看 DataStore 的 SPI、DOM API 和 Binding API 这三种接口的设计就容易多了。

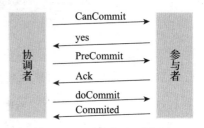

图 5-3 三阶段提交示意图

但当我们看当前最新的 ODL 源码时，会感觉到这部分代码组织有些乱，这三种接口的定义在 controller 子项目和 mdsal 子项目中各自有类似的一份定义，两者几乎一样。运行加载以后，这两份接口都是生效的，这会给读者带来一定的困扰。那为什么会这样呢？其实，ODL 中 MD-SAL 相关的代码最初只在 controller 子项目中的，后来 MD-SAL 成为 ODL 的核心架构，ODL 社区便从铍版本之后，单独成立了 mdsal 子项目以促进 MD-SAL 架构的演进。成立 mdsal 子项目后，controller 子项目中 MD-SAL 相关的代码逐渐向 mdsal 子项目迁移，但没法做到一步完成。因此，最新 ODL 的代码中还是保留了两份接口定义，这两份接口之间做了适配兼容，目前两者都可以使用，但最终 controller 子项目中的代码应该会被废弃，只保留 mdsal 子项目中的代码。本文使用源码都来源于 mdsal 项目的最新代码。

5.2 DataStore SPI 设计

SPI（Service Provider Interface）表示服务提供商接口，而 API（Application Programming Interface）表示应用程序编程接口。API 可以调用或使用类 / 接口 / 方法等去完成某个目标，而 SPI 需要继承或实现某些类 / 接口 / 方法等去完成某个目标。可以理解为，API 定义类 / 方法可以做什么，而 SPI 定义必须符合何种规范。SPI 调用时，类似回调机制，一般地，框架提供 API 及其实现，同时框架在实现过程中提供了 SPI 回调机制，因此 SPI 是框架的扩展点。如果使用框架方要扩展框架，可以通过自己实现 SPI 并注入框架，于是框架使用方其实也是一个服务提供商。Java 中的 JDBC 是一个 API，而 JDBC Driver 是一个 SPI，每个数据库厂商都会提供 Driver 的实现。应用中要使用 JDBC 编程接口时需要引入第三方数据库厂商驱动包，而第三方厂商提供的驱动包其实就是 SPI 的实现。

使用 SPI 设计，框架可以很容易引入扩展点，同时应用要扩展框架逻辑也很容易实现。框架可扩展设计可以基于这个原则进行设计扩展点。ODL 中，定义 DataStore 的 SPI，也是同样的目的，下面介绍几个主要的 SPI 设计。

5.2.1　DOMStore

由于 DataStore 的访问都是基于事务的，因此，DOMStore 接口其实是一个事务工厂，被用于设计创建读、写和读写事务，另外，还可以创建事务链。因此我们所有的设计应先从事务接口的定义开始，分为读和写两类接口。代码清单 5-1 是事务的基础接口。

代码清单 5-1　DOMStoreTransaction 接口定义

```
public interface DOMStoreTransaction extends AutoCloseable, Identifiable<Object> {
    /**
     * Unique identifier of the transaction.
     */
    @Override
    Object getIdentifier();

    @Override
    void close();
}
```

读事务接口继承自基础事务接口，增加了 read 和 exists 两个方法，read 方法被设计用来实现读取 DataStore 中数据树上某一路径下的子树，返回的数据类型是 FluentFuture，说明这个方法需要按照异步机制实现，异步返回的数据通与第 4 章 DataTreeSnapshot 接口中 readNode 方法返回是一致的，为 Optional<NormalizedNode>，这里，Optional 避免了读取数据时没有读到数据可能返回 null 值的问题，使定义更加清晰，代码清单 5-2 是读事务接口。

代码清单 5-2　DOMStoreReadTransaction 接口定义

```
public interface DOMStoreReadTransaction extends DOMStoreTransaction {
```

```
FluentFuture<Optional<NormalizedNode<?,?>>> read(YangInstanceIdentifier path);
FluentFuture<Boolean> exists(YangInstanceIdentifier path);
}
```

> 注意 FluentFuture 是 guava 库里定义的一个抽象类，实现了 JDK 里的 Future 接口，是对原生 JDK 的 Future 接口的功能增强，使 future 可以添加监听器从而方便对返回结果的处理。

代码清单 5-3 是写事务接口，定义了 4 个方法 write、merge、delete 和 ready，这几个方法的含义与我们第 4 章讲的 DataTreeModification 接口里定义的方法含义相同。其中 ready 方法，返回类型是 DOMStoreThreePhaseCommitCohort 接口，也即实现三阶段提交的接口，这个接口的源码定义我们 5.1.2 节会看到。

代码清单 5-3　DOMStoreWriteTransaction 接口定义

```
public interface DOMStoreWriteTransaction extends DOMStoreTransaction {

    void write(YangInstanceIdentifier path, NormalizedNode<?, ?> data);
    void merge(YangInstanceIdentifier path, NormalizedNode<?, ?> data);
    void delete(YangInstanceIdentifier path);
    DOMStoreThreePhaseCommitCohort ready();
}
```

读写事务接口直接继承自读事务和写事务两个接口，通过这个接口，可以在一个事务里实现读和写的操作，代码清单 5-4 所示。

代码清单 5-4　DOMStoreReadWriteTransaction 接口定义

```
public interface DOMStoreReadWriteTransaction extends DOMStoreReadTransaction,
    DOMStoreWriteTransaction {
}
```

代码清单 5-5 是事务工厂接口的定义，上述事务接口都可以通过事务工厂创建。

代码清单 5-5　DOMStoreTransactionFactory 接口定义

```
public interface DOMStoreTransactionFactory {
    DOMStoreReadTransaction newReadOnlyTransaction();
    DOMStoreWriteTransaction newWriteOnlyTransaction();
    DOMStoreReadWriteTransaction newReadWriteTransaction();
}
```

代码清单 5-6 是 DOMStore 接口的定义。我们可以看到是直接继承了事务工厂接口，可以理解为，DOMStore 就是一个事务工厂，通过事务工厂创建的事务，完成对其所保存数据的访问和操作。另外，这个接口还定义了一个创建事务链的方法 createTransactionChain，用以实现事务链的创建。

代码清单 5-6　DOMStore 接口定义

```
public interface DOMStore extends DOMStoreTransactionFactory {
    DOMStoreTransactionChain createTransactionChain();
}
```

那么事务链接口是如何设计的呢？看代码清单 5-7 的源码，可以看到，事务链也是继承自事务工厂接口，用以创建各种事务。当然，我们已经讲过，事务链里的事务，其创建和执行顺序都是有要求的，必须是前面一个事务 commit 后（不需要 commit 最终执行结束），才能创建下一个事务。

代码清单 5-7　DOMStoreTransactionChain 接口定义

```
public interface DOMStoreTransactionChain extends DOMStoreTransactionFactory,
    AutoCloseable {
    @Override
    DOMStoreReadTransaction newReadOnlyTransaction();
    @Override
    DOMStoreWriteTransaction newWriteOnlyTransaction();
    @Override
    DOMStoreReadWriteTransaction newReadWriteTransaction();
    @Override
    void close();
}
```

图 5-4 是绘制的 DOMStore 相关的 SPI 接口定义的类图及其继承关系。

5.2.2　DOMStoreThreePhaseCommitCohort

前面已经介绍过了分布式事务处理过程中，为什么会需要三阶段提交协议，代码清单 5-8 DOMStoreThreePhaseCommitCohort 接口的定义中，就是针对三阶段提交定义的 3 个方法，返回类型都是 ListenableFuture，也就是都需要采用异步机制来实现。DataStore SPI 的设计如图 5-4 所示。

代码清单 5-8　DOMStoreThreePhaseCommitCohort 接口定义

```
public interface DOMStoreThreePhaseCommitCohort {
    ListenableFuture<Boolean> canCommit();
    ListenableFuture<Void> preCommit();
    ListenableFuture<Void> abort();
    ListenableFuture<Void> commit();
}
```

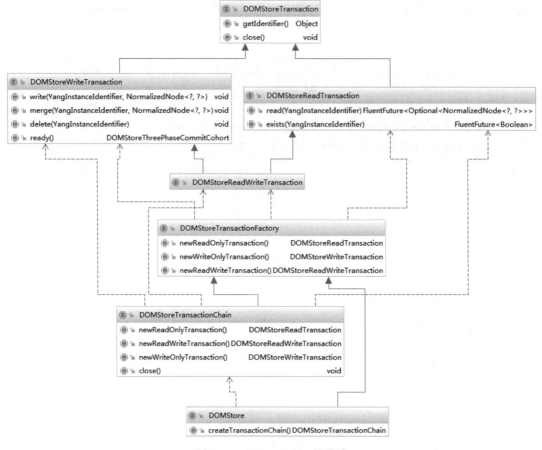

图 5-4 DataStore SPI 的设计

5.2.3 DOMStoreTreePublisher

DOMStoreTreePublisher 接口主要是为了实现对数据树变更监听器的注册，注册后传入 DOMTreeChangeListener 接口和一个路径，表示该监听器关注该路径下的数据变化。如果该路径下数据有变化，就通过调用监听器的 onDataTreeChange 方法通知监听器，其会把数据树变化前后的数据都通知到，接口定义如代码清单 5-9 所示。

代码清单 5-9　DOMStoreTreePublisher 接口定义

```
public interface DOMStoreTreeChangePublisher {
    <L extends DOMDataTreeChangeListener> @NonNull ListenerRegistration<L> register-
        TreeChangeListener(
        @NonNull YangInstanceIdentifier treeId, @NonNull L listener);
}
```

5.3　DataStore DOM API 设计

API 接口的设计目的与 SPI 接口的设计目的不同，API 设计主要是给应用开发者或用户调用的。在 ODL 中，MD-SAL 的 API 有两类，其中 DOM API 是使用 DOM（Document Object Model）数据表示的 API，也就是使用第 3 章中介绍的 YangInstanceIdentifier 和 NormalizedNode 接口和类作为方法的输入和返回值，下面请看源码定义。

5.3.1　DOMDataBroker

代码清单 5-10 的接口依然是围绕事务概念来定义的。

代码清单 5-10　DOMDataTreeTransaction 接口定义

```
public interface DOMDataTreeTransaction extends Identifiable<Object> {
}
```

代码清单 5-11～5-13 的读操作接口中，定义的 read 方法，增加了一个入参，也就是 LogicalDatastoreType，这个参数需要填写是配置库还是状态库，且 ODL 中默认实现的是两个 DataStore 实例。

代码清单 5-11　DOMDataTreeReadOperations 接口定义

```
public interface DOMDataTreeReadOperations {
    FluentFuture<Optional<NormalizedNode<?,?>>> read(LogicalDatastoreType store,
        YangInstanceIdentifier path);
    FluentFuture<Boolean> exists(LogicalDatastoreType store, YangInstanceIdentifier
        path);
}
```

代码清单 5-12　DOMDataTreeReadTransaction 接口定义

```
public interface DOMDataTreeReadTransaction extends DOMDataTreeTransaction,
    DOMDataTreeReadOperations, Registration {
    /**
     * Closes this transaction and releases all resources associated with it.
     */
    @Override
    void close();
}
```

代码清单 5-13　DOMDataTreeWriteOperations 接口定义

```
public interface DOMDataTreeWriteOperations {
    void put(LogicalDatastoreType store, YangInstanceIdentifier path, Normalized-
```

```
            Node<?, ?> data);
    void merge(LogicalDatastoreType store, YangInstanceIdentifier path, Normalized-
            Node<?, ?> data);
    void delete(LogicalDatastoreType store, YangInstanceIdentifier path);
}
```

代码清单 5-14～5-17 的接口的定义思路与 DOMStore 对应接口的定义思路类似，接口的定义也不复杂，图 5-5 是 DOM API 中相关的接口的类图定义及其继承关系。

代码清单 5-14　DOMDataTreeWriteTransaction 接口定义

```
public interface DOMDataTreeReadTransaction extends DOMDataTreeTransaction,
    DOMDataTreeWriteOperations {
    @CheckReturnValue
    @NonNull FluentFuture<? extends @NonNull CommitInfo> commit();
    boolean cancel();
}
```

代码清单 5-15　DOMDataTreeReadWriteTransaction 接口定义

```
public interface DOMDataTreeReadWriteTransaction extends DOMDataTreeWrite-
    Transaction, DOMDataTreeReadTransaction {
}
```

代码清单 5-16　DOMTransactionFactory 接口定义

```
public interface DOMTransactionFactory {
    DOMDataTreeReadTransaction newReadOnlyTransaction();
    DOMDataTreeWriteTransaction newWriteOnlyTransaction();
    DOMDataTreeReadWriteTransaction newReadWriteTransaction();
}
```

代码清单 5-17　DOMDataBroker 接口定义

```
public interface DOMDataBroker extends DOMTransactionFactory,
        DOMExtensibleService<DOMDataBroker, DOMDataBrokerExtension> {
    DOMTransactionChain createTransactionChain(DOMTransactionChainListener
        listener);
}
```

5.3.2　DOMDataTreeShardingService

代码清单 5-18 和代码清单 5-19 这两个接口提供给用户用以创建数据树分片，数据树分片的索引 DOMDataTreeIdentifier 是由数据树类型（配置树或状态树）+YangInstanceIdentifier 所构成的。

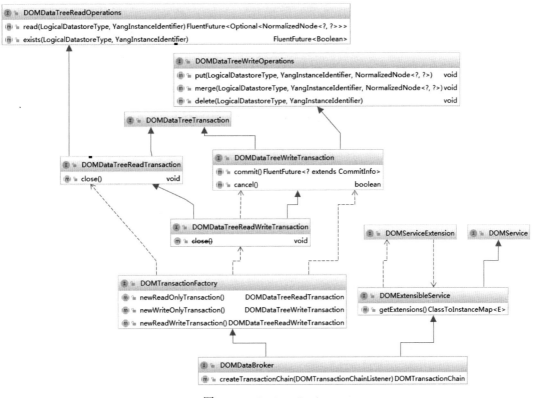

图 5-5　DOMDataBroker

代码清单 5-18　DOMDataTreeShard 接口定义

```
public interface DOMDataTreeShard extends EventListener {
    void onChildAttached(@NonNull DOMDataTreeIdentifier prefix, @NonNull DOM-
        DataTreeShard child);
    void onChildDetached(@NonNull DOMDataTreeIdentifier prefix, @NonNull DOM-
        DataTreeShard child);
}
```

代码清单 5-19　DOMDataTreeShardingService 接口定义

```
public interface DOMDataTreeShardingService extends DOMService {
    /**
     * Register a shard as responsible for a particular subtree prefix.
     *
     * @param prefix Data tree identifier, may not be null.
     * @param shard Responsible shard instance
     * @param producer Producer instance to verify namespace claim
     * @return A registration. To remove the shard's binding, close the registration.
     * @throws DOMDataTreeShardingConflictException if the prefix is already bound
     */
```

```
<T extends DOMDataTreeShard> @NonNull ListenerRegistration<T> registerData-
    TreeShard(
        @NonNull DOMDataTreeIdentifier prefix, @NonNull T shard,
        @NonNull DOMDataTreeProducer producer) throws DOMDataTreeShardingCon
            flictException;
}
```

创建分片时，对于分片的数据树的访问，定义了 **DOMDataTreeProducer** 接口，且 **DOM-DataTreeProducer** 接口又继承自 **DOMDataTreeProducerFactory** 接口，源码如代码清单 5-20、代码清单 5-21 所示。

代码清单 5-20　DOMDataTreeProducerFactory 接口定义

```
public interface DOMDataTreeProducerFactory {
    /**
     * Create a producer, which is able to access to a set of trees.
     *
     * @param subtrees The collection of subtrees the resulting producer should
       have access to.
     * @return A {@link DOMDataTreeProducer} instance.
     * @throws IllegalArgumentException if subtrees is empty.
     */
    @NonNull DOMDataTreeProducer createProducer(@NonNull Collection<DOMDataTree-
        Identifier> subtrees);
}
```

代码清单 5-21　DOMDataTreeProducer 接口定义

```
public interface DOMDataTreeProducer extends DOMDataTreeProducerFactory, Auto-
    Closeable {
    @NonNull DOMDataTreeCursorAwareTransaction createTransaction(boolean isolated);
    @Override
    DOMDataTreeProducer createProducer(Collection<DOMDataTreeIdentifier> subtrees);
    @Override
    void close() throws DOMDataTreeProducerException;
}
```

图 5-6 绘制了与分片相关的接口的类图定义与关联关系图。

5.3.3　DOMDataTreeChangeService

我们已经介绍过了，MD-SAL DataStore 提供了数据变更通知这样的事件驱动机制，下面是监听器接口源码与注册监听器的服务接口的源码。

下面是注册监听器的服务接口的源码定义，代码清单 5-22 所示。

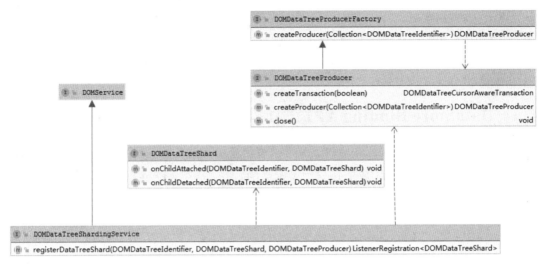

图 5-6　Shard 接口

代码清单 5-22　DOMDataTreeChangeService 接口定义

```
public interface DOMDataTreeChangeService extends DOMDataBrokerExtension {
    <L extends DOMDataTreeChangeListener> @NonNull ListenerRegistration<L>
        registerDataTreeChangeListener(
            @NonNull DOMDataTreeIdentifier treeId, @NonNull L listener);
}
```

代码清单 5-23 是监听器接口源码的定义。注册这个监听器接口时，发生数据变更时，仅会在数据发生变更的当前主节点进行通知。

代码清单 5-23　DOMDataTreeChangeListener 接口定义

```
public interface DOMDataTreeChangeListener extends EventListener {
    void onDataTreeChanged(@NonNull Collection<DataTreeCandidate> changes);
    default void onInitialData() {
        //no-op
    }
}
```

代码清单 5-24 这个监听器接口继承自 DOMDataTreeChangeListener 接口，使用该监听器注册的话，如果 DataStore 中该监听注册的路径下的数据发生变更，则该变更通知需要在整个集群中进行通知。

代码清单 5-24　ClusterDOMDataTreeChangeListener 接口定义

```
public interface ClusteredDOMDataTreeChangeListener extends DOMDataTreeChange-
    Listener {
}
```

以上介绍的 DOM API，主要用于 ODL 内部的组件间的调用实现，比如暴露北向接口的 RESTCONF 模块就是直接调用的 DOM API 接口实现的，直接调用 DOM API 相比调用 Binding API，能调用的接口功能更加丰富，且效率会提高 20%～30%。

5.4 DataStore Binding API 设计

ODL 中之所以设计 Binding API，是为了便于应用开发者的理解和使用。Binding API 是直接使用由 YANG 模型生成的接口和类定义的 API，这类 API 确保了编译期的安全性，且对应用开发者而言更自然，更简单。

Binding API 类接口对于应用开发者而言需要特别熟悉，因为大部分的应用开发都会基于这类接口进行开发。

DataBroker 的设计思路仍然是围绕事务进行的，与 DOM API 中定义的接口实现的功能类似，只是其中的方法入参和返回值都是由 YANG 模型生成的接口或类。下面给大家介绍几个自动生成的对象所实现的 Binding 基本对象接口。

5.4.1 Binding 基本对象接口

代码清单 5-25～5-30 是关于 Binding 接口的基本对象接口定义，这些接口的定义都比较简单，主要用来表示 YANG 模型中对应的节点类型，自动生成的具体的接口或类都直接或间接的继承自这些接口。

代码清单 5-25　DataContainer 接口定义

```
public interface DataContainer {
    Class<? extends DataObject> implementedInterface();
}
```

代码清单 5-26　DataObject 接口定义

```
public interface DataObject extends DataContainer {
    @Override
    Class<? extends DataObject> implementedInterface();
}
```

代码清单 5-27　Enumeration 接口定义

```
public interface Enumeration {
    String getName();
    int getIntValue();
}
```

代码清单 5-28　Augmentation 接口定义

```
public interface Augmentation<T> {

}
```

代码清单 5-29　ChildOf 接口定义

```
public interface ChildOf<P> extends DataObject {

}
```

代码清单 5-30　BaseIdentity 接口定义

```
public interface BaseIdentity {

}
```

下面两张表，表 5-1 是 YANG 中定义的基本数据类型生成的对应的 Java 中的类。

表 5-1　YANG 定义的组合数据元素与 Binding 接口的对应关系

YANG 定义的 简单数据类型	生成代码对应 的 Java 类	YANG 定义的 简单数据类型	生成代码对应 的 Java 类
boolean	Boolean	decimal64	Double
empty	Boolean	uint8	Short
int8	Byte	uint16	Integer
int16	Short	uint32	Long
int32	Integer	uint64	BigInteger
int64	Long	binary	byte[]
string	String 或 class(if pattern substatement is specified)		

YANG 模型中定义的组合数据元素所自动生成的代码的继承关系可见表 5-2。

表 5-2　YANG 定义的组合数据元素与 Binding 接口的对应关系

YANG 元素	继承或实现的接口	YANG 元素	继承或实现的接口
container,list,grouping,	DataObject	enumeration	Enumeration，生成为 Java 中的 enum 对象
augment	Augmentation	dentity	BaseIdentity
typedef	直接生成为 Java 的 class	bits	直接生成为 Java 的 class

5.4.2 DataBroker

下面我们来了解 MD-SAL 的 Binding API 的源码定义。其仍然是围绕事务展开的，分为读事务和写事务。只是，这些接口中定义的方法的入参和返回值是 Binding 的基本对象接口，如代码清单 5-31～5-40 所示。

代码清单 5-31　Transaction 接口定义

```
public interface Transaction extends Identifiable<Object> {
}
```

代码清单 5-32　ReadOperations 接口定义

```
public interface ReadOperations {
    <T extends DataObject> @NonNull FluentFuture<Optional<T>> read(@NonNull
        LogicalDatastoreType store,
            @NonNull InstanceIdentifier<T> path);
    default @NonNull FluentFuture<Boolean> exists(final @NonNull LogicalDatastore-
        Type store,
            final @NonNull InstanceIdentifier<?> path) {
        return read(store, path).transform(Optional::isPresent, MoreExecutors.
            directExecutor());
    }
}
```

代码清单 5-33　ReadTransaction 接口定义

```
public interface ReadTransaction extends Transaction, AutoCloseable, Read-
    Operations {
    /**
     * Closes this transaction and releases all resources associated with it.
     */
    @Override
    void close();
}
```

代码清单 5-34　WriteOperations 接口定义

```
public interface WriteOperations {
    <T extends DataObject> void put(@NonNull LogicalDatastoreType store, @NonNull
        InstanceIdentifier<T> path,
            @NonNull T data);
    <T extends DataObject> void merge(@NonNull LogicalDatastoreType store, @NonNull
        InstanceIdentifier<T> path,
            @NonNull T data);
    void delete(@NonNull LogicalDatastoreType store, @NonNull InstanceIdentifier<?>
        path);
}
```

代码清单 5-35　WriteTransaction 接口定义

```
public interface WriteTransaction extends Transaction, WriteOperations {
    boolean cancel();

    @CheckReturnValue
    @NonNull FluentFuture<? extends @NonNull CommitInfo> commit();
}
```

代码清单 5-36　ReadWriteOperations 接口定义

```
public interface ReadWriteOperations extends ReadOperations, WriteOperations {

}
```

代码清单 5-37　ReadWriteTransaction 接口定义

```
@Beta
public interface ReadWriteTransaction extends WriteTransaction, ReadWriteOpera-
    tions {

}
```

代码清单 5-38　TransactionFactory 接口定义

```
public interface TransactionFactory {
    @NonNull ReadTransaction newReadOnlyTransaction();
    @NonNull ReadWriteTransaction newReadWriteTransaction();
    @NonNull WriteTransaction newWriteOnlyTransaction();
}
```

代码清单 5-39　TransactionChain 接口定义

```
public interface TransactionChain extends Registration, TransactionFactory {
    @override ReadTransaction newReadOnlyTransaction();
    @override ReadWriteTransaction newReadWriteTransaction();
    @override WriteTransaction newWriteOnlyTransaction();
}
```

代码清单 5-40　DataBroker 接口定义

```
public interface DataBroker extends BindingService, TransactionFactory, DataTree-
    ChangeService {

    @NonNull TransactionChain createTransactionChain(@NonNull TransactionChainListener
        listener);
}
```

图 5-7 是根据上述相关接口绘制的类图及其继承关系。

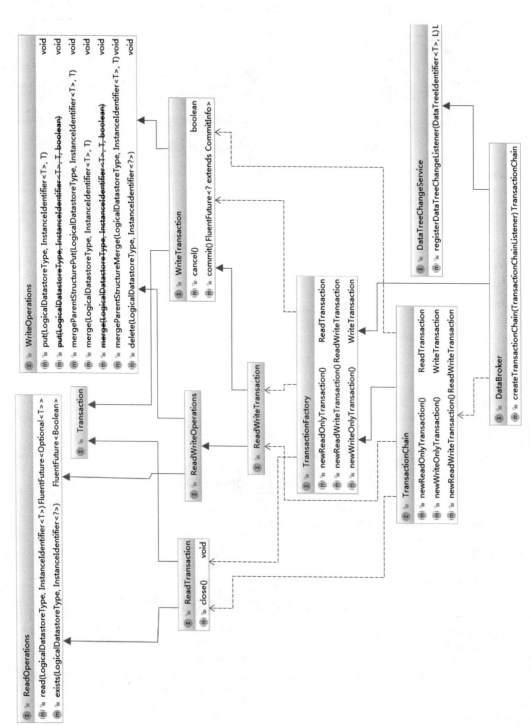

图 5-7 DataBroker 相关接口类图及继承关系

5.4.3　DataTreeChangeService

数据变更通知的接口定义，也需按照 Binding 的基本对象接口进行重新定义，且定义的功能方法和 DOM API 中定义的一致如代码清单 5-41、代码清单 5-42 所示。

代码清单 5-41　DataTreeChangeService

```
public interface DataTreeChangeService extends BindingService {
    <T extends DataObject, L extends DataTreeChangeListener<T>> @NonNull Listener-
        Registration<L>
    registerDataTreeChangeListener(@NonNull DataTreeIdentifier<T> treeId, @NonNull
        L listener);
}
```

代码清单 5-42　DataTreeChangeListener

```
public interface DataTreeChangeListener<T extends DataObject> extends EventListener {
    void onDataTreeChanged(@NonNull Collection<DataTreeModification<T>> changes);
    default void onInitialData() {
        //no-op
    }
}
```

5.5　本章小结

本章简单介绍了 MD-SAL DataStore 的接口设计，接口就是规约，必须按照接口的定义进行扩展实现或进行调用，因此，理解这些接口是理解 DataStore 设计及实现的基础。学习本章有助于读者对于 MD-SAL DataStore 的宏观上的理解，第 6 章将结合源码再向读者介绍 DataStore 的实现原理。

Chapter 6 第 6 章

MD-SAL DataStore 的实现原理

本章我们将分析 MD-SAL DataStore 的实现原理。第 5 章我们了解到 DataStore 的设计遵循了接口与实现分离的原则，DataStore 的接口包括 DOMStore SPI、DOMDataBroker API 和 Binding DataBroker API 三种，DataStore 的实现思路主要有以下两种：

❑ 实现 DOMStore SPI，在 DOMStore 实现的基础上实现 DOMDataBroker。

❑ 实现 DOMDataBroker，对接第三方的数据库（不需要遵循 DOMStore SPI 规范）。

ODL 中，DataStore 的社区实现都是遵循的第一种实现思路，这些实现包括 controller 子项目里的 sal-inmemory-datastore 和 sal-distributed-datastore。其中 sal-inmemory-datastore 后来被移植到 mdsal 子项目中（mdsal-dom-inmemory-datastore）并继续演进。另外，sal-inmemory-datastore 还可以基于第三方库实现，包括基于 Infinispan 的 DataStore 的 PoC（Proof of Concept）实现（源码 https://git.opendaylight.org/gerrit/#/c/5900/）。RedHat 的 Michael Vorburger 写的一个基于 etcd 的 DataStore 的 PoC 实现（源码 https://github.com/vorburger/opendaylight-etcd），这两个实现的目的都是为了验证基于第三方库实现 ODL 的 DataStore 的可行性和性能，并没有在 ODL 的正式发布版本中部署。

在当前最新的 ODL 发布版本中，只有 controller 子项目中的 sal-distributed-datastore 实现是真正在版本运行过程中默认加载生效的，因此，本章主要内容是根据 sal-distributed-datastore 的源码实现来分析 DataStore 的实现原理和整体流程。另外，对于 DOMData-Broker 和 Binding DataBroker 的实现也一起做一个简单介绍。

6.1　概述

6.1.1　背景知识

ODL 的第一个正式发布版本（氢版本）中还是以 AD-SAL 架构为主的，数据存储采用的是第三方的分布式数据网格平台 Infinispan，Infinispan 是一个高扩展性、高可靠性、键值存储的分布式数据网格平台，但在氢版本实际应用中存在诸如集群稳定性、数据一致性和数据持久化等方面的问题。从 ODL 第二个发布版本（氦版本）开始，ODL 架构逐步演进为 MD-SAL 架构，同时 ODL 社区基于 Akka 这个分布式框架设计实现了 DistributedDataStore 组件（即 sal-distributed-datastore），该组件目前已成为 ODL 实现高可用性和高扩展性的核心组件。

要了解 Akka 框架，就必须先了解 Actor 并发模型。Actor 是 Akka 中最核心的概念，它是一个封装了状态和行为的对象，简单点说，Actor 通过消息传递的方式与外界通信。且消息传递是异步的。每个 Actor 都有一个邮箱，该邮箱接收并缓存其他 Actor 发过来的消息，Actor 一次只能同步处理一个消息，处理消息过程中，除了可以接收消息，不能做任何其他操作。同时 Actor 模型提供了异步非阻塞的、高性能的事件驱动编程模型，且其是非常轻量级的（每 GB 堆内存几百万 Actor），Actor 模型的另一个好处就是可以消除共享状态，因为它每次只能处理一条消息，所以 Actor 内部可以安全的处理状态，而不用考虑锁机制。通过 Actor 能够简化锁及线程管理，可以非常容易地开发出正确地并发程序和并行系统。

Akka 框架是基于 JVM 的编程语言 Scala 写成的，同时提供了 Scala 和 Java 两套开发接口，因此，在 ODL 中可直接使用 Akka 的编程接口和核心组件。由于整个 Akka 应用是消息驱动的，因此消息是 Actor 之外的重要核心组件，在 Actor 之间传递的消息应该满足不变性。而 Akka 的关于消息驱动的设计思想也与 ODL 的把被控制网络看作消息驱动的巨大的状态机不谋而合。ODL 中使用的 Akka 的核心组件包括 Akka Remoting、Akka Clustering 和 Akka Persistence，这些组件提供了容错的、去中心化的、基于集群成员关系点对点的，不存在单点问题和单点瓶颈的集群服务。其实现原理是使用 Gossip 协议和自动故障检测器维护一致的集群状态。依据以上 Akka 核心组件及基于 Actor 的编程模型构成了 ODL 集群的基础，同时也是 DistributedDataStore 实现的基础。

Akka 中的 Actor 组织是一个层级结构。下层 Actor 是由直接上一层 Actor 产生，形成一种父子 Actor 关系。父级 Actor 除了维护自身状态之外还必须负责处理下一层子级 Actor

所发生的异常，形成一种树形父子层级监管结构。任何子级 Actor 在运算中发生异常后立即将自己和自己的子级 Actor 运算挂起，并将下一步行动交付给自己的父级 Actor 决定。而管理与调度 Actor 的系统即 ActorSystem，它是一个重量级的系统，它会分配 1~N 个线程用以建立每一个逻辑应用，所以对于每一个应用来说只需创建一个 ActorSystem。ActorSystem 最核心的一个功能就是管理和调度整个系统的运行。图 6-1 是一个 AkkaSystem 中管理和组织 Actor 的示意图，开发者创建的 Actor 都放在 /user 下面。

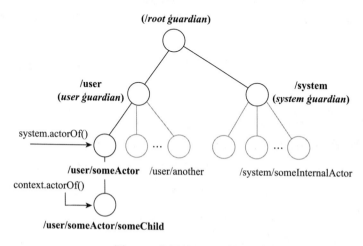

图 6-1　分层的 Actor 管理

因此，基于 Actor 系统的设计核心就是任务的分解。任务要被分解的足够小，每个分片都会被委托给子 Actor，这里用到的思想很明显就是"分而治之"的思路。ActorSystem 可看作这众多 Actor 的协作整体。

对于一些有状态的 Actor，希望若在 Actor 重启之后能恢复到之前的状态，这就需要能够持久化 Actor 的状态。Akka 中定义了 PersistentActor 来实现 Actor 的状态持久化及恢复。PersistentActor 是一种特殊的带有内部状态的 Actor，它是以事件来源模式（event-sourcing）来进行内部状态持久化的。事件来源模式具体的工作原理就是把使状态产生变化的事件按时间顺序存到文件或数据库，记录为日志。在恢复状态时把日志中这些事件按原来的时间顺序重演一遍回到原来的状态。日志是以附加和递增的方式来记录的，为了减少事件的长久积存和加快恢复（recovery）效率，PersistentActor 也可以在一个时间间隔后把完整的当前状态作为快照（snapshot）存储起来。这样在状态恢复时就能以最新的快照为起点，只需对日志中快照时间之后的事件进行重演。日志存储的底层实现是可插拔的，所以 Akka 的持久化扩展自带一个叫作 "leveldb" 的向本地文件系统写入的日志插件。Akka 社区里还有更多日志存储插件提供，比如 cassandra、redis、MySQL 等。

6.1.2　实现原理

　　DistributedDataStore 是基于 Akka 设计与实现的，我们可通过图 6-2 了解 DataStore 与 Akka 的关系。图 6-2 就是 DistributedDataStore 的总体实现原理图。

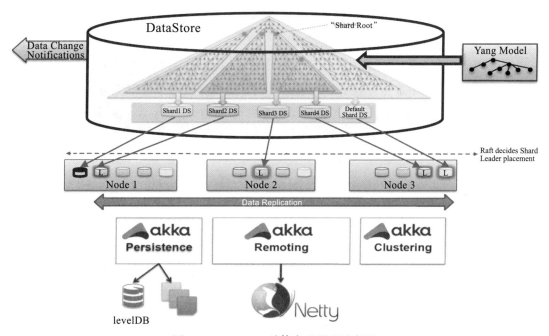

图 6-2　DataStore 总体实现原理示意图

　　从图 6-2 中可看到 DataStore 保存的数据树结构来源于 YANG 模型，整个逻辑数据树按照某种策略被分为若干分片（Shard，即一个 InMemoryDataTree 实例），每个分片在集群中被保存为若干副本。每个分片副本都被设计为 Akka 中的一个 Actor，也就是同一分片的多个副本的 Actor 可看作一个分布式系统，这些 Actor 之间通过 Raft 算法保证所有副本中数据的一致性。管理这些分片的功能也被设计为一个 Actor，即分片管理器（ShardManager）。在 ODL 发布硼版本之前，Actor 的设计划分没有区分明显的前后端，在代码实现中，直接通过 Pattern.ask() 的方式与 ShardManager 和 Shard 交互。从硼版本开始，为了更好地处理交互过程中的错误处理以及持久化中间状态，在 DistributedDataStore 的设计实现中做了优化，其实现划分出了明显的前端和后端两类 Actor 的划分。

后端是围绕 ShardManager 创建的众多 Shard，通过 RaftActor 构成的副本化的数据树来实现的，也就是后端的 Actor 都是由 ShardManager 这个 Actor 进行统领，具体工作由它来分配和指派给具体的 Shard 来完成。而前端通过定义好的一组消息与后端交互。

前端即 MD-SAL 层，它与访问保存在 DataStore 中的数据的应用程序位于同一位置。它负责实现 MD-SAL DOMDataBroker 和相关接口，并将它们转换为 Actor 消息，从而驱动后端。它还负责在尽可能合理的范围内处理在后端通信中发生的常见故障，例如消息丢失和系统中的分片 Leader 的变动。在当前的实现中，这映射到一个 ConcurrentDOMData-Broker 实例。

后端和前端在本地节点上共享一个全局的 Actor 系统。节点通过 Akka 集群连接在一起。一个 Actor 系统中最多可以有一个前端实例在运行，且对于每个特定的分片，Actor 系统中最多也只能运行一个实例。图 6-3 是最新的 DistributedDataStore 的 Actor 设计划分图。

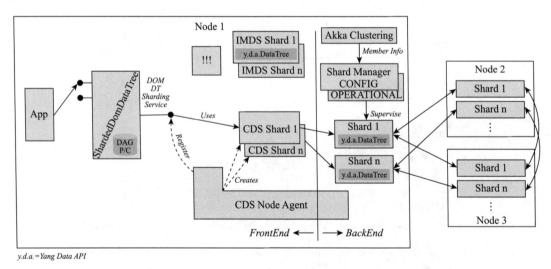

y.d.a.=Yang Data API

图 6-3　DistributedDataStore 的 Actor 设计划分

6.2　Raft 算法及其实现

DistributedDataStore 是 ODL 社区设计的分布式内存数据库，设计分布式系统的目的是为了提高系统的可靠性以及提升系统的整体性能和吞吐量。为了达到该目的，避免数据的单点存储，尽量做到业务处理的负载均衡就是必需的了。同样，还必须解决分布式系统中的一个核心问题，那就是数据的一致性问题。ODL 中的 DataStore，通过灵活的划分数据分片达到系统性能提升的目的，通过保存分片的多个副本达到提高系统可靠性的目的。分片以及分片的多个副本间的数据一致性问题，是我们必须要先解决的问题。多个分片间的数据一致性问题，ODL 中是采用的类似 3PC（或 2PC）的协议解决的。某个分片的多个副本间的数据一致性问题，通过 ODL 实现的 Raft 算法来解决的，在 ODL 中实现 Raft 算法的模块是 sal-akka-raft，这个模块基于 Akka 框架设计了 RaftActor 来实现 Raft 算法。下面分别介绍下 Raft 算法及其实现。

6.2.1　Raft 算法介绍

Raft 是工程上使用较为广泛的强一致性、去中心化、高可用的分布式协议。Raft 是一个一致性算法（consensus algorithm），所谓一致性，就是即使是在部分节点故障、网络延时、网络分割的情况下，多个节点对某个事情仍能达成一致的看法。在分布式系统中，一致性算法更多是用于提高系统的容错性，比如分布式存储中的多个副本，Raft 协议就是一种 Leader-based 的一致性算法。Raft 协议的工作原理可概括为：Raft 会先选举出 Leader，Leader 完全负责复制日志的管理。Leader 负责接受所有客户端更新请求，然后复制到 Follower 节点，并在"安全"的时候执行这些请求。如果 Leader 故障，Followes 会重新选举出新的 Leader。Raft 的首要设计目的就是易于理解，所以在选举 Leader 的冲突处理等方式上它都选择了非常简单明了的解决方案。

Raft 将一致性拆分为如下两个关键流程：

❑ Leader 选举

❑ 日志复制

1. Leader 选举

Raft 协议中，一个节点任一时刻都处于以下 3 种状态之一：

❑ Leader

❑ Follower

❑ Candidate

Raft 通过选举 Leader 并由 Leader 节点负责管理日志的复制来实现多副本的一致性。图 6-4 是节点的 3 个状态迁移图：

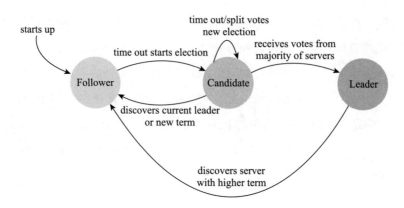

图 6-4　Raft 算法节点状态迁移示意图

图 6-4 中所有节点启动时都是 Follower 状态，在一段时间内如果没有收到来自 Leader 的心跳，便从 Follower 切换到 Candidate，并发起选举，如果收到多数投票（含自己的一票）则切换到 Leader 状态，如果发现其他节点比自己先更新，则主动切换到 Follower。

从上段的流程中可以看出，哪个节点做 Leader 是大家投票选举出来的，每个 Leader 工作一段时间后，选出新的 Leader 继续负责。在 Raft 协议中，称 Leader 工作的这段时间为一个任期（术语叫 term）。任期以选举（election）开始，然后就是一段或长或短的稳定工作期。任期是递增的，这就具有了逻辑时钟的作用。

选举过程详解

上面已经了解到，如果 Follower 在 election timeout 内没有收到来自 Leader 的心跳，（或者此时还没有选出 Leader，大家都在等；也许 Leader 挂了；也许只是 Leader 与该 Follower 之间网络故障），则会主动发起选举。步骤如下：

❑ 增加节点本地的 current term，切换到 Candidate 状态。

❑ 投自己一票。

❑ 并行给其他节点发送 RequestVote RPCs。

❑ 等待其他节点的回复。

在这个过程中，根据来自其他节点的消息，可能出现以下 3 种结果

❑ 收到多数的投票（含自己的一票），则赢得选举，成为 Leader。

❑ 被告知别人已当选，那么自行切换到 Follower。

❑ 一段时间内没有收到多数投票，则保持 Candidate 状态，重新发出选举。

第一种情况，赢得了选举之后，新的 Leader 会立刻给所有节点发消息，广而告之，避

免其余节点触发新的选举。那么，先回到投票者的视角，投票者是如何决定是否给一个选举
请求投票的呢，有以下约束：

❑ 在任一任期内，单个节点最多只能投一票。

❑ 候选人知道的信息不能比自己的少（这一部分，在后面介绍的 log replication 和 safety
的时候会详细介绍）。

❑ first-come-first-served 先来先服务。

第二种情况，比如有 3 个节点 A、B、C。A 和 B 同时发起选举，因为 A 的选举消息先
到达 C，所以 C 给 A 投了一票，当 B 的消息到达 C 时，已经不能满足上面提到的第一个约
束，即 C 不会给 B 投票，而 A 和 B 显然都不会给对方投票。A 胜出之后，会给 B 和 C 发
心跳消息，节点 B 发现节点 A 的 term 不低于自己的 term，知道已经有 Leader 了，于是转
换成 Follower。

总之，上述选举过程保证系统中在同一选举周期内最多只有一个 Leader，Leader 会不
停地给 Follower 发心跳消息，表明自己的存活状态。如果 Leader 故障，那么 Follower 会转
换成 Candidate，重新选出 Leader。

因为 Leader 的选举是基于得到的多数票数来确定的，如果集群中有两个节点同时发
起投票，且分别得到相同的票数，这一轮选举就无法选出 Leader 了，只能重新发起选举投
票。这会延长系统不可用的时间（没有 Leader 是不能处理客户端写请求的），因此 Raft 引入
了随机的选举超时时间来尽量避免平票情况。同时，Leader-based 的一致性算法中，节点的
数目（分片副本的数目）建议都是奇数个，尽量避免相同票数出现的可能。

2. 日志复制

当 Leader 被选举出来后，Leader 就开始为集群服务。处理所有的客户端请求并将操
作日志复制到保存该分片副本的其他节点。客户端的一切请求都发送到 Leader，Leader 来
调度这些并发请求的顺序，并且保证 Leader 与 followers 状态的一致性。为了保证状态一
致 Raft 算法的做法是，将这些请求以及执行顺序告知 followers。使 Leader 和 followers 以
相同的顺序来执行这些请求。一致性算法的实现一般是基于复制状态机（Replicated state
machines），何为复制状态机，简单来说：相同的初识状态 + 相同的输入 = 相同的结束状态。
那如何保证所有节点以相同的顺序处理相同的输入呢？使用 replicated log 是一个很不错的
主意，log 具有持久化、保序的特点，是大多数分布式系统的基石。

当系统（Leader）收到了一个来自客户端的写请求，到返回给客户端，整个过程从

Leader 的视角来看会经历以下步骤：

- ❑ Leader 本地顺序添加日志条目（append log entry）。
- ❑ Leader 并行的向 Follower 复制日志条目（AppendEntries）。
- ❑ Leader 等待多数节点的回应。
- ❑ Leader 应用该日志条目到状态机。
- ❑ Leader 响应客户端成功。
- ❑ Leader 通知 Follower 应用日志条目。

当日志被"安全"的复制，那么 Leader 会将这个日志应用到自己的状态机并响应到客户端。在上面的流程中，Leader 只需要日志被复制到大多数节点即可向客户端返回，一旦向客户端返回的是成功消息，那么系统就必须保证 log（其实是 log 所包含的 command）在任何异常的情况下都不会发生回滚。这里有两个词：commit(committed)，apply(applied)，commit(committed) 是指日志被复制到了大多数节点后日志的状态；而 apply(applied) 则是节点将日志应用到状态机，真正影响到节点状态。

日志记录由顺序编号的日志条目组成，每个日志条除了包含操作，还包含产生该日志条目时的 Leader term。Leader 在某一 term 的任一位置只会创建一个 log entry，且 log entry 是 append-only，其次是 consistency check。Leader 在 AppendEntries 中包含最新 log entry 之前的一个 log 的 term 和 index，如果 follower 在对应的 term index 找不到日志，那么就会告知 Leader 不一致。这种情况，Leader 需要通过复制历史日志到 Follower 保证数据的最终一致，为此，Leader 会维护一个 nextIndex[] 数组，记录了 Leader 可以发送给每一个 follower 的 log index，初始化为 eader 的最后一个 log index 加 1，前面也提到，Leader 选举成功之后会立即给所有 follower 发送 AppendEntries RPC（不包含任何 log entry，也充当心跳消息），那么流程总结为：

- ❑ Leader 初始化 nextIndex[x] 为 Leader 最后一个 log index + 1
- ❑ AppendEntries 里 prevLogTerm prevLogIndex 来自 logs[nextIndex[x] - 1]
- ❑ 如果 follower 判断 prevLogIndex 位置的 log term 不等于 prevLogTerm，那么返回 false，否则返回 True
- ❑ Leader 收到 follower 的恢复，如果返回值是 True，则 nextIndex[x] -= 1，跳转到 s2. 否则
- ❑ 同步 nextIndex[x] 后的所有 log entries

3. 极端情况

网络分区

Raft 保证选举安全，即一个任期内最多只有一个
Leader，但在网络分割（network partition）的情况下，
可能会出现两个 Leader，但两个 Leader 所处的任期是
不同的。如图 6-5 所示。

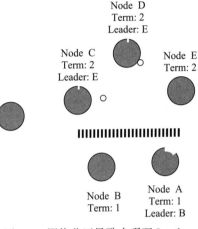

系统里有 5 个节点 ABCDE 组成，当 term1，Node
B 是 Leader 时，在 Node A、B 和 Node C、D、E 之间
出现了网络分割，因此 Node C、D、E 无法收到来自
Leader（Node B）的消息，在选举时间之后，Node C、
D、E 会分期选举，由于满足多数票的条件，Node E
成为 term 2 的 Leader。因此，在系统中貌似出现了两

图 6-5　网络分区导致出现双 Leader

个 Leader：term 1 的 Node B，term 2 的 Node E，Node B 的 term 更旧，但由于无法与分隔
的多数节点通信，NodeB 仍然会认为自己是 Leader。

在这样的情况下，如果客户端将写操作请求发送到了 NodeB，但 NodeB 无法将 log
entry 复制到网络分割部分的节点，因此不会告诉客户端写入成功，这就不会出现问题。

从 Raft 的论文中可以看到，Leader 转换成 follower 的条件是收到来自更高 term 的消
息，如果网络分割一直持续，那么过时的 Leader 就会一直存在。而在 Raft 的一些实现或
者 Raft-like 的协议中，Leader 如果收不到多数节点的消息，那么可以自行转换到 Follower
状态。

Raft 算法对于实际在分布式系统中可能出现的网络不可用、机器故障等异常场景，为
了保证安全性，即在异常场景下不会导致数据丢失、数据不一致等情况，提出如下约束：

1. 选举约束

在 Raft 协议中，所有的日志条目都只会从 Leader 节点往 Follower 节点写入，且 Leader
节点上的日志只会增加，绝对不会删除或覆盖。这意味着 Leader 节点必须包含所有已经提
交的日志，即能被选举为 Leader 的节点一定需要包含所有已经提交过的日志。因为日志只
会从 Leader 向 Follower 传输，所以如果被选举出的 Leader 缺少已经 Commit 的日志，那么
这些已经提交的日志就会丢失，显然这是不符合要求的。这就是 Leader 选举的限制：能被
选举成为 Leader 的节点，一定包含了所有已经提交过的日志条目。

2. 日志提交约束

Raft 从来不会通过计算复制的数目来提交之前任期的日志条目。只有 Leader 当前任期的日志条目才能通过计算数目来进行提交。一旦当前任期的日志条目以这种方式被提交，那么由于日志匹配原则（Log Matching Property），之前的日志条目也都会被间接的提交。

通过上面的描述，我们可以得出 Raft 算法保证了以下特性：

如果两个日志条目有相同的 index 和 term，那么他们存储了相同的指令（即 index 和 term 相同，那么可定是同一条指令，就是同一个日志条目）。

如果不同的日志中有两个日志条目，他们的 index 和 term 相同，那么这个条目之前的所有的日志都相同。

6.2.2 RaftActor 设计与实现

在 ODL 中，基于 Akka 的 Actor 模型设计了 RaftActor 来实现 Raft 算法，下面介绍下 Raft-Actor 设计实现中的几个关键点。

1. Raft 的行为状态设计

根据前面的介绍，参与 Raft 算法的节点可分为 3 种角色：Leader、Follower、Candidate。该节点在系统中作为什么角色及具有什么行为由选举后的具体角色而定，一个对象的行为取决于它的状态，并且它必须在运行时刻根据状态改变它的行为。这明显就是状态模式适用的场景。

知识点 状态模式是什么？状态模式包括一个环境类（Context），若干抽象状态类（State）以及具体状态类（ConcreteState）。环境类定义客户感兴趣的接口，维护一个 ConcreteState 子类的实例，这个实例定义当前状态。抽象状态类定义一个接口以封装与 Context 的一个特定状态相关的行为。具体状态类（ConcreteState）即每一子类实现一个与 Context 的一个状态相关的行为。

在 ODL 中，实现 Raft 算法的模块为 controller 子项目下的 sal-akka-Raft，实现代码中的 Context 类即 RaftActor，该类被定义为 Akka 中的持久化 Actor，继承自 Akka 的 Untyped-PersistentActor。在实现过程中，RaftActor 共包含五个状态：PreLeader、Leader、Isolated-Leader、Follower 和 Candidate，每种状态都具有相应的行为动作。RaftActor 当前的行为由选举过程及选举结果决定，只有被选举为 Leader 时，才能接受客户端请求，向 Follower 节

点复制日志，并负责保证所有 Follower 节点最终都具有同样的日志。定义 IsolatedLeader 这个状态的目的是为了处理出现极端情况下出现网络分区时，出现两个 Leader 的情况；定义 PreLeader 这个状态的目的是为了满足前面介绍的日志提交约束，也就是 Raft 算法中从来不会通过计算复制的数目来提交之前任期的日志条目。只有 Leader 当前任期的日志条目才能通过计算数目来进行提交。一旦当前任期的日志条目以这种方式被提交，之前的日志条目也都会被间接的提交。因此，当某一节点满足当选为 Leader 条件，但尚有之前任期的日志没有提交，则该节点会处于 PreLeader 状态，并立即向其他节点同步一个空操作的日志，待这条日志提交后，PreLeader 状态会转为 Leader 状态。

图 6-6 是 RaftActor 所具有的状态类的设计及其继承关系。

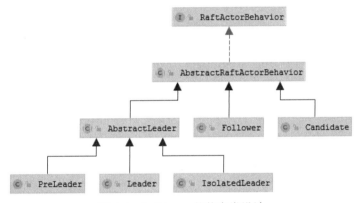

图 6-6　RaftActor 的状态类设计

2. 处理流程实现说明

RaftActor 创建后的第一件事是状态恢复，如果系统是首次启动，就不需要恢复。数据恢复处理完成后，RaftActor 会收到一条 RecoveryCompleted 消息，其状态即自动切换为 Follower，也即调用代码清单 6-1 的方法。

代码清单 6-1　RaftActor 初始状态

```
@VisibleForTesting
void initializeBehavior() {
    changeCurrentBehavior(new Follower(context));
}
```

初始化为 Follower 状态的 RaftActor，会判断是否存在 peer，如果不存在 peer，则立刻向自己发送一条 TimeoutNow 消息，如果该节点能够参与选举（根据配置决定），则 RaftActor 状态直接转为 Candidate，如果存在 peer，那么会启动一个定时器，定时检查是否有 Leader 或当前 Leader 是否正常，如果没有 Leader 或者超过 MAX_ELECTION_TIMEOUT_FACTOR 倍（18 倍）的定时时间间隔没有受到 Leader 的消息，则 RaftActor 状态转为 Candidate。

Follower 状态的 RaftActor 除了上述处理逻辑，主要职责还有接收并执行 Leader 的请求，并回复响应消息。

Candidate 状态主要是发起选举投票并处理投票的响应，当收到超过半数的票数时，如果复制提交的日志中还有尚未应用到最终状态的日志，则转变为 PreLeader 状态，如果所有提交的日志都已经作用到最终状态，则转为 Leader 状态。PreLeader 完成一次空操作提交后，也会最终转为 Leader 状态。选举的核心逻辑代码如代码清单 6-2 所示。

代码清单 6-2　Candidate 发起投票

```
private void startNewTerm() {
    // set voteCount back to 1 (that is voting for self)
    voteCount = 1;
    // Increment the election term and vote for self
    long currentTerm = context.getTermInformation().getCurrentTerm();
    long newTerm = currentTerm + 1;
    context.getTermInformation().updateAndPersist(newTerm, context.getId());
    log.info("{}: Starting new election term {}", logName(), newTerm);
    for (String peerId : votingPeers) {
        ActorSelection peerActor = context.getPeerActorSelection(peerId);
        if (peerActor != null) {
            RequestVote requestVote = new RequestVote(
            context.getTermInformation().getCurrentTerm(),
                    context.getId(),
            context.getReplicatedLog().lastIndex(),
            context.getReplicatedLog().lastTerm());
            peerActor.tell(requestVote, context.getActor());
        }
    }
}
```

发起投票时，先算上自己的一票，并将当前的选举任期信息持久化。

代码清单 6-3 中，当收到半数投票后，对最终作用到 Actor 内部状态的日志索引与最后的复制日志条目的索引作出判断，再分别切换为 PreLeader 还是 Leader。

代码清单 6-3　Candidate 统计得票数并处理

```
@Override
protected RaftActorBehavior handleRequestVoteReply(ActorRef sender, RequestVote-
    Reply requestVoteReply) {
    if (requestVoteReply.isVoteGranted()) {
        voteCount++;
```

```
        }
        if (voteCount >= votesRequired) {
            if (context.getLastApplied() < context.getReplicatedLog().lastIndex()) {
                return internalSwitchBehavior(RaftState.PreLeader);
            } else {
                return internalSwitchBehavior(RaftState.Leader);
            }
        }
        return this;
    }
```

PreLeader 的行为动作只有一个，就是立刻提交并复制到其他 Follower 上一条空操作日志，并等待未应用到状态的日志应用到 Actor 的内部状态，然后转为 Leader 状态。

Leader 会定时检查自己是否处于孤立状态，如果自己与多数 Follower 节点不通时，则判断自己处于孤立状态。代码清单 6-4 是检测是否孤立的代码。

代码清单 6-4　检测 Leader 是否处于孤立状态

```
protected boolean isLeaderIsolated() {
    int minPresent = getMinIsolatedLeaderPeerCount();
    for (FollowerLogInformation followerLogInformation : followerToLog.values()) {
        final PeerInfo peerInfo = context.getPeerInfo(followerLogInformation.
            getId());
        if (peerInfo != null && peerInfo.isVoting() && followerLogInformation.
            isFollowerActive()) {
            --minPresent;
            if (minPresent == 0) {
                return false;
            }
        }
    }
    return minPresent != 0;
}
```

处于孤立状态的 Leader 节点即 IsolatedLeader，IsolatedLeader 仍然可能有自己的 Follower，且这些 Follower 仍然可以接收日志复制请求。当处于 IsolatedLeader 的 Leader 收到日志复制的回应后，会主动检查是否仍处于孤立状态，若否，则转为 Leader 状态。实现代码如代码清单 6-5 所示。

代码清单 6-5　IsolatedLeader 状态的行为

```
@Override
protected RaftActorBehavior handleAppendEntriesReply(ActorRef sender,
    AppendEntriesReply appendEntriesReply) {
    RaftActorBehavior ret = super.handleAppendEntriesReply(sender, appendEntriesReply);
```

```
    // it can happen that this isolated leader interacts with a new leader in the
        cluster and
    // changes its state to Follower, hence we only need to switch to Leader if
        the state is still Isolated
    if (ret.state() == RaftState.IsolatedLeader && !isLeaderIsolated()) {
        log.info("IsolatedLeader {} switching from IsolatedLeader to Leader",
            getLeaderId());
        return internalSwitchBehavior(new Leader(context, this));
    }
    return ret;
}
```

以上状态中，处于 Leader 和 Follower 状态算是稳定状态，其他状态可认为都是过渡状态。顾名思义，Leader 和 Follower 状态中，Leader 是主导，是决策者，而 Follower 是从属，是跟随者。Leader 承担的主要责任包括定时向 Follower 发送心跳、向 Follower 发送 Snapshot、向 Follower 复制日志并判断是否达到一致性（收到多数确认即日志提交成功），并决定何时把日志应用到状态中。ODL 定义了如下允许用户自定义实现的接口，来自定义是否能自动选举和是否能在达到一致性之前即把日志应用到状态。对于这种接口，ODL 提供的默认实现是 DefaultRaftPolicy，也就是默认能自动选举，达成一致前不修改应用操作，也就是必须是强一致的。接口及默认实现代码如代码清单 6-6 所示。

代码清单 6-6　Raft 策略接口定义

```
public interface RaftPolicy {
    boolean automaticElectionsEnabled();
    boolean applyModificationToStateBeforeConsensus();
}

public class DefaultRaftPolicy implements RaftPolicy {
    public static final RaftPolicy INSTANCE = new DefaultRaftPolicy();
    @Override
    public boolean automaticElectionsEnabled() {
        return true;
    }
    @Override
    public boolean applyModificationToStateBeforeConsensus() {
        return false;
    }
}
```

自动使能选举是令集群节点通过选举流程选举出 Leader，不允许人为干涉。在某些场合下，可能需要外部指定 Leader，这就需要令 automaticElectionsEnabled() 方法返回 false。接口中的方法 applyModificationToStateBeforeConsensus() 表示的是否在达成一致前把日志应用到状态，如果令其返回 true，则系统会在达成一致前即把日志应用到状态，这会导致某个时间段内，集群节点上的状态暂时的不一致，但由于少了达成一致所需的等待时间，性能会有所提升，在某些场景下可能会适用。

对于 Leader 与 Follower 间的快照的同步流程可以看到实现代码中采用了切片（Slice）机制，由于整个状态的快照可能体积比较大，多达数百 M 甚至上 G，如果不采用切片的话，很可能会瞬间堵塞网络，使消息处理时间过长，造成其他消息的丢失，就会可能导致 Akka 集群误报节点不可达，导致集群状态异常。但通过对传输数据进行切片，就可避免消息阻塞，保证集群状态的稳定性。

3. RaftActor 的状态持久化

在 6.2.2 节介绍了 RaftActor 创建后第一个步骤是状态恢复，状态恢复其实就是依赖加载快照和重放持久化的日志以恢复到之前的状态。前面介绍过，Akka 的持久化是通过 PersistentActor 实现的，RaftActor 就是继承自 Akka 的 PersistentActor。图 6-7 是 RaftActor 的类继承关系图。

说到 RaftActor 需要持久化的事件或状态，我们可以先了解 RaftActor 恢复时的处理代码如代码清单 6-7 所示。

代码清单 6-7　RaftActor 恢复处理

```
boolean handleRecoveryMessage(final Object message, final PersistentDataProvider
    persistentProvider) {

    anyDataRecovered = anyDataRecovered || !(message instanceof RecoveryCompleted);

    if (isMigratedSerializable(message)) {
        hasMigratedDataRecovered = true;
    }

    boolean recoveryComplete = false;
    if (message instanceof UpdateElectionTerm) {
        context.getTermInformation().update(((UpdateElectionTerm) message).get-
            CurrentTerm(),
                ((UpdateElectionTerm) message).getVotedFor());
    } else if (message instanceof SnapshotOffer) {
        onRecoveredSnapshot((SnapshotOffer) message);
    } else if (message instanceof ReplicatedLogEntry) {
        onRecoveredJournalLogEntry((ReplicatedLogEntry) message);
    } else if (message instanceof ApplyJournalEntries) {
        onRecoveredApplyLogEntries(((ApplyJournalEntries) message).getToIndex());
    } else if (message instanceof DeleteEntries) {
```

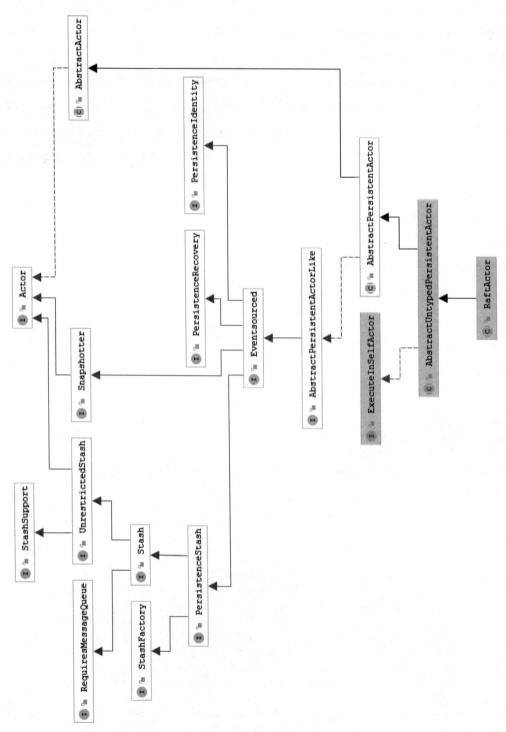

图 6-7　RaftActor 类继承关系

```
        onDeleteEntries((DeleteEntries) message);
    } else if (message instanceof ServerConfigurationPayload) {
        context.updatePeerIds((ServerConfigurationPayload)message);
    } else if (message instanceof RecoveryCompleted) {
        recoveryComplete = true;
        onRecoveryCompletedMessage(persistentProvider);
    }

    return recoveryComplete;
}
```

Actor 的恢复过程就是从文件或存储库里把已持久化的事件读出来，再重演一遍，以恢复到 Actor 之前的状态。恢复过程不可被中断，待持久化 Actor 恢复完成后会收到一个特殊的消息 RecoveryCompleted，收到这个消息后就可以做下一步的处理了。从代码清单 6-7 中可以看到，持久化的消息包括选举的任期信息、复制日志条目、已应用的日志索引、删除的日志的最大索引和集群节点的配置信息。与 DataStore 保存的数据相关的消息定义在 Replicated-LogEntry 中，看一下复制日志条目的接口定义，如代码清单 6-8 所示。

代码清单 6-8　Raft 复制日志条目接口

```
public interface ReplicatedLogEntry {
    Payload getData();
    long getTerm();
    long getIndex();
    int size();
    boolean isPersistencePending();
    void setPersistencePending(boolean pending);
}
```

载荷类实现接口里的 Payload 可以用来保存对 DataTree 的待提交的变更操作（DataTree-Candidate），事务提交时，PayLoad 的实现类代码见代码清单 6-9 所示。

代码清单 6-9　事务提交时的载荷类实现

```
public final class CommitTransactionPayload extends Payload implements Serializable {
    private static final long serialVersionUID = 1L;
    private final byte[] serialized;
......
    @VisibleForTesting
    public static CommitTransactionPayload create(final TransactionIdentifier
        transactionId, final DataTreeCandidate candidate) throws IOException {
        return create(transactionId, candidate, 512);
    }
}
```

这样，恢复的时候只要从保存的日志中把 DataTreeCandidate 读取出来，再提交到 DataTree 就可令 DataTree 恢复到上一次的状态。其他事件的持久化与恢复更简单一些，读者参考源码分析即可。

6.3 DataStore 后端实现详解

在第 6 章概述部分所述中，DataStore 的前端和后端实例都是运行在一个 Akka 集群中，该集群逻辑上由每个集群成员上的 ActorSystem 组成。因为 DistributedDataStore 的实现是基于 Akka 的，因此无论是前端还是后端的设计，都被设计为通过若干消息互相配合的一组 Actor。

后端 Actor 的设计以 ShardManager 为首，ShardManager 负责创建 Shard，Shard 创建 ShardTransactionr 和 ShardDataTreeChangePublisherActor 等 Actor，并形成了一个树状层次关系，如图 6-8 所示。

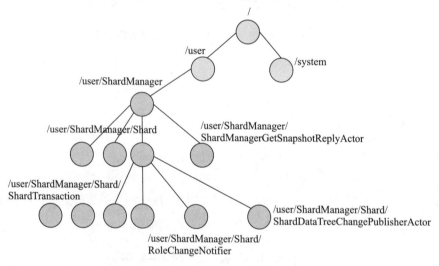

图 6-8　DistributedDataStore 后端 Actor 设计

图 6-8 中，ShardManager 在一个 ActorSystem 中只会创建一个实例，ShardManager 会根据分片策略配置创建若干个 Shard 实例。Actor 的核心就是 Shard 和 ShardManager 这两类 Actor，下面我们分别来介绍。

6.3.1　Shard 的实现

Shard 继承自 RaftActor，是 DistributedDataStore 后端最基本、最核心地 Actor，该

Actor 内部关联了一个 InMemoryDataTree 实例，并将对 DataTree 的操作封装为事务机制。Shard 中对 InMemoryDataTree 实例的修改被封装在 ShardDataTree 中，而 ShardDataTree 设计为类似 DOMStore 接口的实现（即 InMemoryDataStore），封装了对 DataTree 实例的操作，但为适应 ActorSystem 中的应用作了一些优化调整。我们分析 Shard 实现的源码过程中，其实，只要抓住其实现过程中考虑的关键点，再去分析源代码就能更好地理解了。

首先，Shard 是一个继承自 RaftActor 的 Actor 模型，有 Leader 和 Follower 的角色区分。按照 Raft 算法，所有的请求都要发送到 Leader 去处理，并由 Leader 返回结果，当然这个过程可以通过定义一组消息统一实现，因为 Akka 框架为 Actor 间的消息传递提供了位置透明性，使我们可以不用关心 Actor 在集群中的具体位置，通过可以使用单一的消息模式实现 DataStore，从功能实现来说，这是一个比较好的思路。但是，考虑到处理性能的话，这就并不是一个最优解决方案了，因为消息的传递相对于函数的直接调用来说，性能上有数量级的差距。因此，为了充分利用 InMemoryDataTree 中已经提供的方法，区分分片的 Leader 是在本地还是远程，再做区分处理，在性能上会更有优势。比如从 DataTree 中读取数据的实现流程。如果 Leader 是本地，则通过 Shard 直接获取到其关联的 InMemoryDataTree 实例，在直接通过 InMemoryDataTree 实例提供的方法 takeSnapshot() 获取快照，根据快照创建 SnapshotBackedReadTransaction，最后，直接调用 SnapshotBackedReadTransaction 的 read() 方法就实现了 Shard 中数据的读取。如果 Leader 不在本地，流程是先找到 Shard 的 Leader 所在位置，发送一个构建 ShardReadTransaction（这是一个 Actor）的消息给 Leader，然后向远处的 ShardReadTransaction 发送一个 ReadData 的消息，ShardReadTransaction 这个 Actor 接收到 ReadData 消息，读取数据后构建 ReadDataReply 消息发送到 ReadData 的节点，最后返回给最终的调用者。这个过程涉及多次的消息交互以及消息的序列化反序列化，处理时间比直接调用肯定要多数倍。

其次，我们在第 4 章中已经介绍过对于 InMemoryDataTree 实例的修改，涉及创建 Snapshot，Modification 并接受用户的变更操作，校验变更数据，生成 DataTreeCandidate，最后提交这些阶段。在实现 DistributedDataStore 中，对于 Shard 内的 InMemoryDataTree 实例的修改被封装为事务，通过事务机制来保证数据操作的原子性和一致性，因为 Shard 是在分布式集群环境中，同一个分片在整个集群中会有多个副本，因此在整个过程中还要考虑对操作日志持久化以及考虑提交过程中，是否能在集群中达到一致的问题，只有达到一致，才能把修改最终应用到 DataTree（也就是执行 DataTree 的 commit() 方法）中。这个过程的实现，在碳版本之前，是一个事务一个事务串行执行的，串行执行的过程包含了日志的持久化、日志复制及一致性判断，这导致事务执行过程中阻塞等待的时间比较多，特别是队列中有多个事务在等待执行时，就会导致事务执行的延迟非常大。在碳版本的后续版本中，上述阶段的处理被优化为流水线（pipeline）处理，但同时也要保证 Shard 内事务提交的执行顺序和返回顺序。流水线处理代码主要是在 ShardDataTree 这个类中，大概实现思路是按照代码清单 6-10 中定义的事务提交过程中的状态，通过三个缓存队列 pendingTransactions、pendingCommits 和 pendingFinish Commits 把处于不同状态的事务缓存起来，在处理缓存队列中不同状态的事务时，尽量在安全的状态下进行批量处理，最为耗时的持久化和日志复制的操作则是通过 Akka 框架异步执行的，这样就不会阻塞事务最终提交到前面阶段的处理，并达到上述各阶段的流水线处理。最后，由于批量执行复制日志的同步，也减少了 Leader 与 Follower 间的日志同步次数，提升了 Shard 的事务处理的吞吐率。

代码清单 6-10　Shard 事务提交过程中的状态定义

```
public enum State {
    READY,
    CAN_COMMIT_PENDING,
    CAN_COMMIT_COMPLETE,
    PRE_COMMIT_PENDING,
    PRE_COMMIT_COMPLETE,
    COMMIT_PENDING,
    ABORTED,
    COMMITTED,
    FAILED,
}
```

Shard 的实现逻辑中还有一个较复杂的地方就是数据变更的通知，在 ShardDataTree 源代码中，我们能看到在完成事务提交后，会调用 notifyListener() 方法，源码如代码清单 6-11 所示。

代码清单 6-11　完成事务提交

```
private void finishCommit(final SimpleShardDataTreeCohort cohort) {
    final TransactionIdentifier txId = cohort.getIdentifier();
    final DataTreeCandidate candidate = cohort.getCandidate();
......
    pendingFinishCommits.poll().cohort.successfulCommit(UnsignedLong.ZERO, () -> {
        LOG.trace("{}: Transaction {} committed, proceeding to notify", logContext,
            txId);
        notifyListeners(candidate);
```

```
        processNextPending();
    });
}

public void notifyListeners(final DataTreeCandidate candidate) {
    treeChangeListenerPublisher.publishChanges(candidate);
}
```

代码清单 6-11 中的 treeChangeListenerPublisher 是在 Shard 中创建的，在构建 ShardData-
Tree 时作为构造入参传入到 ShardDataTree，见代码清单 6-12。

代码清单 6-12　ShardDataTreeChangeListenerPublisherActor 的创建与赋值

```
public class Shard extends RaftActor {
    private final ShardDataTree store;
......
    ShardDataTreeChangeListenerPublisherActorProxy treeChangeListenerPublisher =
    new ShardDataTreeChangeListenerPublisherActorProxy(getContext(), name +
        "-DTCL-publisher", name);
    if (builder.getDataTree() != null) {
        store = new ShardDataTree(this, builder.getSchemaContext(), builder.get-
            DataTree(),
                treeChangeListenerPublisher, name, frontendMetadata);
    } else {
        store = new ShardDataTree(this, builder.getSchemaContext(), builder.
            getTreeType(),
                    builder.getDatastoreContext().getStoreRoot(), treeChangeListener-
                        Publisher, name, frontendMetadata);
    }
}
```

在代码清单 6-12 中，ShardDataTreeChangeListenerPublisherActorProxy 中包含了一个
ShardDataTreeChangePublisherActor 的对象实例，该 Actor 由 Shard 监管，负责 Shard 的数
据变更的监听器的注册和数据变更的通知。创建独立的 Actor 实现 Shard 的数据变更通知的
功能，可以有效降低 Shard 的处理压力。

监听器的注册逻辑实现代码和数据变更通知逻辑的实现代码都在 mdsal 子项目中，其
代码的实现逻辑为。注册监听器时，是把所有的监听器注册到一棵树上，监听器在树上的
位置根据监听器注册时传入的路径（YangInstanceIdentifier 类型）确定。数据变更提交完成
后，会从提交的变更（DataTreeCandidate）中读取出本次变更的数据的路径，然后把该路径
下注册的监听器遍历出来，根据所注册的监听器的路径从 candidate 中读取该路径下的变更
数据通知到监听器。

至于 Shard 中其他处理逻辑都不复杂，比较好理解，主要是定义的对于若干事件消息的处理方法，方法比较多，在此就不再一一列举了。

6.3.2 ShardManager

ShardManager 也是 DistributedDataStore 中后端模块的一个重要的 Actor，其主要的职责包括：

❑ 创建本集群节点上的本地 Shard 副本。

❑ 查找本地分片的地址。

❑ 查找给定分片的主副本。

❑ 监控集群节点，保存节点地址。

ShardManager 对于 Shard 来说是监管者，其监管策略实现代码如代码清单 6-13 所示。

代码清单 6-13　ShardManager 监管策略实现

```
@Override
public SupervisorStrategy supervisorStrategy() {
    return new OneForOneStrategy(10, FiniteDuration.create(1, TimeUnit.MINUTES),
            (Function<Throwable, Directive>) t -> {
            LOG.warn("Supervisor Strategy caught unexpected exception - resuming", t);
            return SupervisorStrategy.resume();
        });
}
```

OneForOneStrategy 策略是当某个被监管的 Actor 出现异常时，只针对该 Actor 进行处理。具体的处理方式就是打印日志，然后忽略该异常，并继续处理剩下的消息。

知识点　Akka 默认提供的监管策略有 OneForOneStrategy 和 OneForAllStrategy。前者只针对出现异常的 Actor 进行处理，后者则是当某个 Actor 出现问题时，所有被监管的 Actor 都要同样的进行处理。处理的指令包括 Stop、Restart、Resume 和 Escalate。Stop 是在异常发生时，停止 Actor，所有未处理的消息都转到 deadLetter 队列。Restart 是停止 Actor 并创建、初始化一个新的 Actor，来继续处理剩下的消息。Resume 则是忽略掉当前出现异常的消息，继续处理剩下的消息。Escalate 是监管者自己无法处理异常时，把异常向自己的监管者上报，再由上一级监管者处理。

ShardManager 还要感知 Akka 集群的状态变化并进行处理，Akka 采用 gossip 协议和自动的失败检测模块维护集群节点的状态，集群中的节点状态转换示意图如图 6-9 所示。

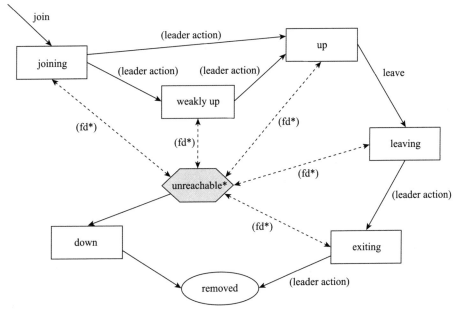

图 6-9　Akka 集群节点状态示意图

图 6-10 中的集群节点状态说明如下：

❑ joining - 节点刚加入集群时的瞬时状态。

❑ weakly up - 网络出现分区时的瞬时状态（仅 akka.cluster.allow-weakly-up-members= on 时）。

❑ up - 正常状态。

❑ leaving/exiting - 节点优雅退出时的状态。

❑ down - 标记为宕机（该节点不再参与集群决策）。

❑ removed - 移除状态，墓碑状态（该节点不再是集群成员）。

❑ 图 6-8 中，失败检测（fd）模块负责检测某个节点是否与集群中其他成员节点不可达（unreachable）。

❑ unreachable - 不可达并不是一个真实的节点成员的状态，而是附加在由 fd 模块检测到的与集群中其他节点无法通讯的节点的标记。fd 模块如果检测到不可达模块恢复成可达，就会把该标记移除，超过一段时间无法恢复的话，不可达节点会被自动置为 down 状态。

❑ ShardManager 会监听上述集群成员的变化事件，并作出相应处理，以便维护 Shard。

6.3.3 ShardStrategy 及实现

我们讲过 ShardManager 负责创建 Shard，那 ShardManager 是按照什么策略创建分片的呢？我们先来了解 ODL 中对于分片策略接口的定义，如代码清单 6-14 所示。

代码清单 6-14　分片策略接口

```
public interface ShardStrategy {
    String findShard(YangInstanceIdentifier path);
    YangInstanceIdentifier getPrefixForPath(YangInstanceIdentifier path);
}
```

分片策略接口中，findShard(YangInstanceIdentifier path) 方法是根据逻辑数据树上某个数据的路径，查找该数据所属的分片名称。方法 getPrefixForPath(YangInstanceIdentifier path) 是根据逻辑数据树上某个数据的路径返回其所属分片的路径前缀。目前 ODL 中分片接口的实现类有 3 个，分别是：DefaultShardStrategy、ModuleShardStrategy 和 PrefixShard-Strategy，这 3 个类代表了 ODL 中支持的 3 种分片策略。系统启动后，所有集群节点上会自动创建一个默认分片，未采用 module 和 prefix 进行分片的数据，都默认归属于 default 分片，默认分片的数据适用 DefaultShardStrategy。根据 ODL 发布版本中配置文件 configuration/initial/module.conf 和 configuration/initial/module-shards.conf 创建的分片适用 ModuleShardStrategy，该分片策略是根据 YANG 文件中的命名空间（namespace）对数据进行分片。从碳版本后，ODL 支持了更细粒度以及更灵活的动态分片策略，也就是根据逻辑数据树的数据路径前缀进行分片。开发者或用户可以直接调用服务接口在线创建分片，这种分片适用于 Prefix-ShardStrategy。图 6-10 是 ShardStrategy 接口及其实现类和 ShardStrategyFactory 的关联关系图。

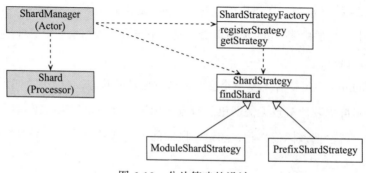

图 6-10　分片策略的设计

ShardManager 根据配置文件或者用户请求创建 Shard 后，每一个 Shard 会把基本信息都保存在一个 Configration 接口的对象中，图 6-11 是 Configration 接口的 UML 图。

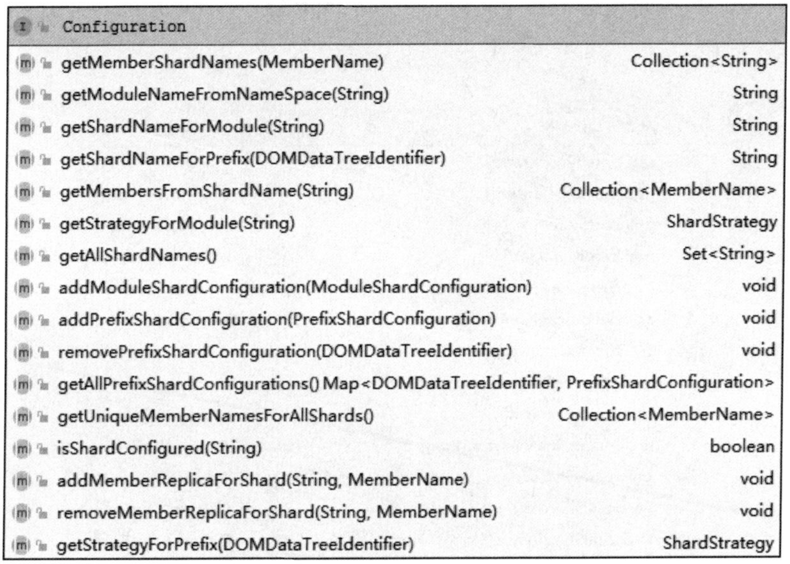

Configuration	
getMemberShardNames(MemberName)	Collection<String>
getModuleNameFromNameSpace(String)	String
getShardNameForModule(String)	String
getShardNameForPrefix(DOMDataTreeIdentifier)	String
getMembersFromShardName(String)	Collection<MemberName>
getStrategyForModule(String)	ShardStrategy
getAllShardNames()	Set<String>
addModuleShardConfiguration(ModuleShardConfiguration)	void
addPrefixShardConfiguration(PrefixShardConfiguration)	void
removePrefixShardConfiguration(DOMDataTreeIdentifier)	void
getAllPrefixShardConfigurations() Map<DOMDataTreeIdentifier, PrefixShardConfiguration>	
getUniqueMemberNamesForAllShards()	Collection<MemberName>
isShardConfigured(String)	boolean
addMemberReplicaForShard(String, MemberName)	void
removeMemberReplicaForShard(String, MemberName)	void
getStrategyForPrefix(DOMDataTreeIdentifier)	ShardStrategy

图 6-11　Configration 接口 UML 图

通过 Configration 接口，DataStore 的分片相关的信息（包括分片的名字，每个分片的策略，分片的副本等）都被保存并管理起来。

6.4　DataStore 前端实现详解

6.4.1　DOMStore 的实现

在第 5 章介绍 DataStore 的接口时，了解到其 SPI 接口和 API 接口。SPI 接口中主要就是 DOMStore 接口，这个接口是一个事务工厂，可以创建事务，通过事务机制，完成对 DataTree 的查询和修改。从上面的介绍我们又了解到 DataStore 的后端是基于 Akka 实现的，后端设计了若干相互协作的 Actor 以便完成对数据树的高效、一致的更新修改的操作。那如何与后端的 Actor 交互并且同时满足 DataStore 的 DOMStore 接口定义呢？

先看一下一个接口的定义，源码如代码清单 6-15 所示。

代码清单 6-15　DistributedDataStoreInterface 接口

```java
public interface DistributedDataStoreInterface extends DOMStore {
    ActorUtils getActorUtils();
}
```

这个接口继承自 DOMStore，且增加了一个方法 getActorUtils()，这个方法返回 Actor-Utils 对象，ActorUtils 类是一个工具类，封装了非 Actor 类与 Actor 系统之间交互的一些方法，其类图如图 6-12 所示。

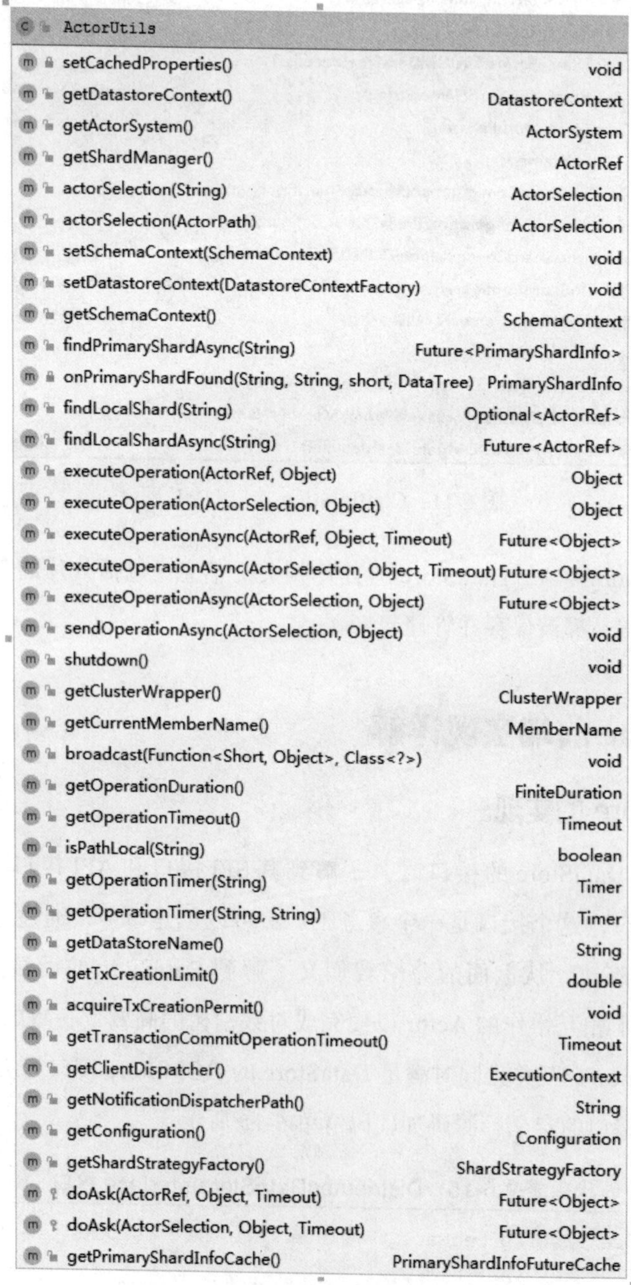

ActorUtils	
setCachedProperties()	void
getDatastoreContext()	DatastoreContext
getActorSystem()	ActorSystem
getShardManager()	ActorRef
actorSelection(String)	ActorSelection
actorSelection(ActorPath)	ActorSelection
setSchemaContext(SchemaContext)	void
setDatastoreContext(DatastoreContextFactory)	void
getSchemaContext()	SchemaContext
findPrimaryShardAsync(String)	Future<PrimaryShardInfo>
onPrimaryShardFound(String, String, short, DataTree)	PrimaryShardInfo
findLocalShard(String)	Optional<ActorRef>
findLocalShardAsync(String)	Future<ActorRef>
executeOperation(ActorRef, Object)	Object
executeOperation(ActorSelection, Object)	Object
executeOperationAsync(ActorRef, Object, Timeout)	Future<Object>
executeOperationAsync(ActorSelection, Object, Timeout)	Future<Object>
executeOperationAsync(ActorSelection, Object)	Future<Object>
sendOperationAsync(ActorSelection, Object)	void
shutdown()	void
getClusterWrapper()	ClusterWrapper
getCurrentMemberName()	MemberName
broadcast(Function<Short, Object>, Class<?>)	void
getOperationDuration()	FiniteDuration
getOperationTimeout()	Timeout
isPathLocal(String)	boolean
getOperationTimer(String)	Timer
getOperationTimer(String, String)	Timer
getDataStoreName()	String
getTxCreationLimit()	double
acquireTxCreationPermit()	void
getTransactionCommitOperationTimeout()	Timeout
getClientDispatcher()	ExecutionContext
getNotificationDispatcherPath()	String
getConfiguration()	Configuration
getShardStrategyFactory()	ShardStrategyFactory
doAsk(ActorRef, Object, Timeout)	Future<Object>
doAsk(ActorSelection, Object, Timeout)	Future<Object>
getPrimaryShardInfoCache()	PrimaryShardInfoFutureCache

图 6-12　ActorUtils 类

通过该类提供的 doAsk() 方法可以实现直接与 Actor 的交互（向某个 Actor 发消息并接收响应的消息）。在硼版本之前，前端实现确实没有显式定义的 Actor，与后端的每个交互都是通过 Patterns.ask() 完成的，也就是调用上面的 doAsk() 方法。当然这会创建出一个隐式的 Actor，处理过程类似一个同步方法调用，不方便处理过程中的状态保存和异常处理。从硼版本之后。而为了更好地跟踪前后端的交互状态，前端实现做了优化，令前端 Actor 创建显示化。目前 ODL 的代码中两种实现方式都是支持的，通过 ODL 发布版本中的配置文件 etc/org.opendaylight.controller.cluster.datastore.cfg 设置如下配置项 use-tell-based-protocol=true 即可使用最新的设计，该配置项默认是 false，默认即可仍然使用的旧的前端实现方式。

从上面的介绍可知，要想实现 DOMStore 接口，只要实现 DistributedDataStoreInterface 接口即可，在源码中该接口的实现为 DistributedDataStore 和 ClientBackedDataStore，二者的对象实例是通过构造工厂类 DistributedDataStoreFactory 来创建的。图 6-13 就是他们之间的关系。

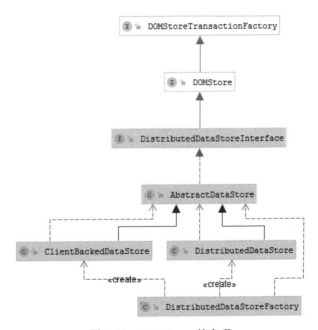

图 6-13　DOMStore 的实现

在 DistributedDataStoreFactory 中，通过配置来确定具体创建哪个类的实例，代码如代码清单 6-16 所示。

代码清单 6-16 DistributedDataStoreFactory

```
public final class DistributedDataStoreFactory {
.......
    public static AbstractDataStore createInstance(final DOMSchemaService schema-
        Service,
        final DatastoreContext initialDatastoreContext, final DatastoreSnapshot-
            Restore datastoreSnapshotRestore,
        final ActorSystemProvider actorSystemProvider, final DatastoreContext-
            Introspector introspector,
        final DatastoreContextPropertiesUpdater updater, final Configuration
            orgConfig) {
        final String datastoreName = initialDatastoreContext.getDataStoreName();
        LOG.info("Create data store instance of type : {}", datastoreName);
        final ActorSystem actorSystem = actorSystemProvider.getActorSystem();
......

        final DatastoreContext datastoreContext = contextFactory.getBaseDatastore-
            Context();
        final AbstractDataStore dataStore;
        if (datastoreContext.isUseTellBasedProtocol()) {
            dataStore = new ClientBackedDataStore(actorSystem, clusterWrapper,
                config, contextFactory,
                restoreFromSnapshot);
            LOG.info("Data store {} is using tell-based protocol", datastoreName);
        } else {
            dataStore = new DistributedDataStore(actorSystem, clusterWrapper,
                config, contextFactory,
                restoreFromSnapshot);
            LOG.info("Data store {} is using ask-based protocol", datastoreName);
        }
......
    }
```

代码清单 6-16 的最后部分，根据 datastoreContext.isUseTellBasedProtocol() 方法（也就是配置文件 etc/org.opendaylight.controller.cluster.datastore.cfg 中设置如下配置项 use-tell-based-protocol）的值来决定创建哪个类的对象实例，DistributedDataStore 是优化前的实现，ClientBackedDataStore 是优化后的实现，两者的显著区别已经介绍过了，DistributedDataStore 通过 Pattern.ask() 与后端交互，ClientBackedDataStore 定义了显示的 Actor，通过 tell() 与后端交互，下面我们来了解最新的设计中前端 Actor 的设计，也就是代码中的 DistributedDataStore-ClientActor 类，其继承关系图如图 6-14 所示。

DistributedDataStoreClientActor 是在创建 ClientBackedDataStore 实例的时候被创建的，代码如代码清单 6-17 所示。

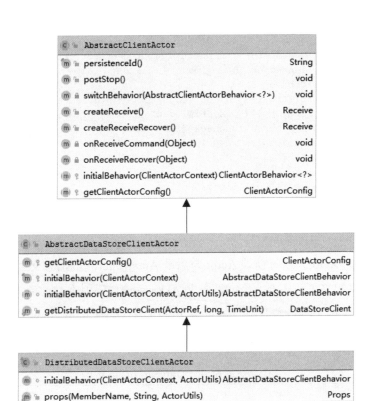

图 6-14　DistributedDataStoreClientActor

代码清单 6-17　DistributedDataStoreClientActor 的创建

```
/**
 * Base implementation of a distributed DOMStore.
 */
public abstract class AbstractDataStore implements DistributedDataStoreInterface,
    SchemaContextListener,
        DatastoreContextPropertiesUpdater.Listener, DOMStoreTreeChangePublisher,
        DOMDataTreeCommitCohortRegistry, AutoCloseable {
......
    private final DataStoreClient client;
    protected AbstractDataStore(final ActorSystem actorSystem, final ClusterWrapper
        cluster,
            final Configuration configuration, final DatastoreContextFactory
                datastoreContextFactory,
            final DatastoreSnapshot restoreFromSnapshot) {
......
        final Props clientProps = DistributedDataStoreClientActor.props(cluster.
            getCurrentMemberName(),
            datastoreContextFactory.getBaseDatastoreContext().getDataStoreName(),
                actorUtils);
        final ActorRef clientActor = actorSystem.actorOf(clientProps);
```

```
        try {
            client = DistributedDataStoreClientActor.getDistributedDataStoreClient
                (clientActor, 30, TimeUnit.SECONDS);
        } catch (Exception e) {
            LOG.error("Failed to get actor for {}", clientProps, e);
            clientActor.tell(PoisonPill.getInstance(), ActorRef.noSender());
            Throwables.throwIfUnchecked(e);
            throw new RuntimeException(e);
        }
......
    protected final DataStoreClient getClient() {
        return client;
    }
}
```

定义了前端的 Actor，通过前端 Actor 与后端 Actor(Shard) 的消息交互，就把前后端通过 Akka 消息联系起来了。还有一个问题是非 Akka 系统代码怎么与前端 Actor 交互，我们看到在上面的代码中，有一行代码 " private final DataStoreClient client;" 这里 DataStore-Client 是一个接口，其定义如代码清单 6-18 所示。

代码清单 6-18　DataStoreClient

```
/**
 * Client interface for interacting with the frontend actor. This interface is
   the primary access point through
 * which the DistributedDataStore frontend interacts with backend Shards.
 *
 * <p>
 * Keep this interface as clean as possible, as it needs to be implemented in
   thread-safe and highly-efficient manner.
 *
 * @author Robert Varga
 */
@Beta
@NonNullByDefault
public interface DataStoreClient extends Identifiable<ClientIdentifier>, Auto-
    Closeable {
    @Override
    void close();
    ClientLocalHistory createLocalHistory();
    ClientSnapshot createSnapshot();
    ClientTransaction createTransaction();
}
```

DataStoreClient 接口就是与前端 Actor 交互的接口，起到了把非 Actor 系统的接口调用封装为 Actor 间的消息交互的作用。我们再看一下与之相关的 ClientBackedDataStore 的源代码 ClientBackedDataStore 的实现代码如代码清单 6-19 所示。

代码清单 6-19　ClientBackedDataStore

```
public class ClientBackedDataStore extends AbstractDataStore {
    public ClientBackedDataStore(final ActorSystem actorSystem, final ClusterWrapper
        cluster,
            final Configuration configuration, final DatastoreContextFactory data-
                storeContextFactory,
            final DatastoreSnapshot restoreFromSnapshot) {
        super(actorSystem, cluster, configuration, datastoreContextFactory, restore-
            FromSnapshot);
    }

    @VisibleForTesting
    ClientBackedDataStore(final ActorUtils actorUtils, final ClientIdentifier
        identifier,
                            final DataStoreClient clientActor) {
        super(actorUtils, identifier, clientActor);
    }

    @Override
    public DOMStoreTransactionChain createTransactionChain() {
        return new ClientBackedTransactionChain(getClient().createLocalHistory(),
            debugAllocation());
    }
    @Override
    public DOMStoreReadTransaction newReadOnlyTransaction() {
        return new ClientBackedReadTransaction(getClient().createSnapshot(), null,
            allocationContext());
    }
    @Override
    public DOMStoreWriteTransaction newWriteOnlyTransaction() {
        return new ClientBackedWriteTransaction(getClient().createTransaction(),
            allocationContext());
    }
    @Override
    public DOMStoreReadWriteTransaction newReadWriteTransaction() {
        return new ClientBackedReadWriteTransaction(getClient().createTransaction(),
            allocationContext());
    }
    private boolean debugAllocation() {
        return getActorUtils().getDatastoreContext().isTransactionDebugContext-
            Enabled();
    }
    private Throwable allocationContext() {
        return debugAllocation() ? new Throwable("allocated at") : null;
    }
}
```

代码清单 6-19，创建读事务是依靠创建的 ClientBackedReadTransaction 的对象实例来完成的，而写事务是靠创建的 ClientBackedWriteTransaction 的实例对象来完成的。这两个类都实现了第 5 章中介绍的 DataStore 的 SPI 接口 DOMStoreTransaction，下面我们来了解这两个类具体如何实现的对逻辑数据树的基于事务的读写操作。ClientBackedRead-Transaction 的大概实现流程是通过在 DataStore 的快照（ClientSnapshot 类型对象）来代理对后端 Shard 的读操作。这里的 ClientSnapshot 只是一个逻辑概念，没有真正保存 DataStore 里的数据的快照。我们了解过，DataStore 的后端其实就是若干 Shard，每个 Shard 里保存一个 InMemoryDataTree 的实例，ClientSnapshot 会根据用户想读取哪个路径下的数据，按照 Lazy 模式依据路径查询到属于哪个 Shard，就向 ShardManager 查询该分片的主副本是否在本地，如果在本地，就向 Shard 发送消息 ConnectClientRequest，Shard 会回复消息 ConnectClientSuccess（该消息中带回了分片关联的 DataTree 实例的引用），ConnectClient-Success 类图如图 6-15 所示。

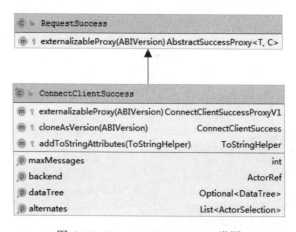

图 6-15　ConnectClientSuccess 类图

代理拿到 Shard 内部的 InMemoryDataTree 的实例的引用 dataTree，直接调用其 take-Snapshot() 方法获取数据树快照（DataTreeSnapshot 对象），读事务的 read() 方法最终是直接调用数据树快照的 read() 方法查询并返回数据。如果 Shard 的主副本并不在本地，则 InMemoryDataTree 的实例的引用 dataTree 返回为空指针，通过发送消息 ReadTransaction-Request 到 Shard 的主副本，Shard 的主副本读取数据并返回消息 ReadTransactionSuccess，消息内附带读取到的数据。在集群中可能会有多个前端创建的读事务，后端通过 clientId（ClientIdentifier 类型）与前端匹配，通过事务 id（TransactionIdentifier 类型）与前端创建的某个具体事务对应。

写事务与读事务相比，更复杂一些，主要体现在写事务有一个三阶段提交过程。在一个写事务中，写操作可能发生在不同的 Shard，事务提交的过程包括 READY、PreCommit、DoCommit 等阶段（也就是需要多次消息交互），那就需要考虑协调多个 Shard 按照顺序处理完成不同阶段的工作，并最终完成多个 Shard 中的修改一起提交。当然，这些消息交互都被提交到后端 Shard 的主副本，因此，前端也必须区分 Shard 的主副本是否在本地，本地的话，有些操作直接进行方法调用就完成了，远程的话，所有操作必须封装消息提交到 Shard 的主副本。简单画下它们之间消息交互的流程图如图 6-16 所示。

同时，消息处理过程中间涉及状态的修改、异常的处理等逻辑，在此不再描述请读者参考 controller 子项目中的最新源代码。

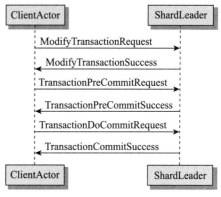

图 6-16　写事务前后端消息交互流程

6.4.2　DOMDataBroker 的实现

上述讲的 ClientBackedDataStore 是 DistributedDataStoreInterface（继承自 DOMStore）的实现类，其实例化是通过 blueprint 完成的，并被发布为 OSGi 中的 Service，配置如代码清单 6-20 所示。

代码清单 6-20　clusterd-datastore.xml

```
<bean id="configDatastore" class="org.opendaylight.controller.cluster.datastore.
    DistributedDataStoreFactory"
            factory-method="createInstance" destroy-method="close">
    <argument ref="schemaService"/>
    <argument>
        <bean factory-ref="introspectorConfig" factory-method="getContext" />
    </argument>
    <argument ref="datastoreSnapshotRestore"/>
    <argument ref="actorSystemProvider"/>
    <argument ref="introspectorConfig"/>
    <argument ref="updaterConfig"/>
</bean>

<service ref="configDatastore" odl:type="distributed-config">
    <interfaces>
        <value>org.opendaylight.controller.cluster.datastore.DistributedData-
            StoreInterface</value>
```

```
        </interfaces>
    </service>

    <bean id="operDatastore" class="org.opendaylight.controller.cluster.datastore.
        DistributedDataStoreFactory"
                factory-method="createInstance" destroy-method="close">
        <argument ref="schemaService"/>
        <argument>
        <bean factory-ref="introspectorOper" factory-method="getContext" />
        </argument>
        <argument ref="datastoreSnapshotRestore"/>
        <argument ref="actorSystemProvider"/>
        <argument ref="introspectorOper"/>
        <argument ref="updaterOper"/>
        <argument ref="configurationImpl" />
    </bean>

    <service ref="operDatastore" odl:type="distributed-operational">
        <interfaces>
            <value>org.opendaylight.controller.cluster.datastore.DistributedData-
                StoreInterface</value>
        </interfaces>
    </service>
```

在这个 blueprint 配置中，我们可以看到通过 DistributedDataStoreFactory 创建了两个 Data-Store 实例：configDatastore 和 operDatastore，并都发布了 DistributedDataStoreInterface 服务，这样就可以通过 blueprint 配置直接获取到这两个并注册到 OSGi 服务，利用 Distributed-DataStoreInterface 服务直接调用创建事务的方法，基于事务完成 DataStore 的读写操作也是可行的。但这样的调用还是稍显复杂，因为这需要我们自己处理 Cohort 的三阶段提交。

在 sal-distributed-datastore 这个模块中，ConcurrentDOMDataBroker 实现了 DOMData-Broker 接口，并封装了读写事务的创建和写事务的三阶段提交。代码清单 6-21 是 Concurrent-DOMDataBroker 在 blueprint 中的实例化配置。

代码清单 6-21　ConcurrentDOMDataBroker 的实例创建配置

```
<bean id="clusteredDOMDataBroker" class="org.opendaylight.controller.cluster.
    databroker.ConcurrentDOMDataBroker"
                destroy-method="close">
    <argument>
        <map>
            <entry key="CONFIGURATION" value-ref="configDatastore"/>
            <entry key="OPERATIONAL" value-ref="operDatastore"/>
        </map>
    </argument>
```

```
    <argument ref="listenableFutureExecutor"/>
    <argument ref="commitStatsTracker"/>
</bean>

<service ref="clusteredDOMDataBroker" interface="org.opendaylight.mdsal.dom.
    api.DOMDataBroker"
                odl:type="default"/>
```

从这个配置中可以看到，在 ConcurrentDOMDataBroker 实例化的时候，是在其构造方法中把 configDatastore 和 operDatastore 都注入了的，同时，该 bean 实例被发布为 DOMData-Broker 服务。

ConcurrentDOMDataBroker 的实现代码中，主要就是把 DOMStore 里的 DOMStore-Transaction 适配为 DOMDataTreeTransaction，并在 commit() 方法里封装了事务的三阶段提交。ConcurrentDOMDataBroker 中对于每一个事务中的 3 个提交阶段（canCommit、preCommit 和 commit）都是串行执行的，但由于事务之间都是非阻塞的，多个事务是可以并发提交的。下面来看 ConcurrentDOMDataBroker 中 doCanCommit() 方法的实现代码，doPreCommit() 方法和 doCommit() 方法的实现逻辑与 doCanCommit() 类似，如代码清单 6-22 所示。

代码清单 6-22　ConcurrentDOMDataBroker 中 doCanCommit 的实现代码

```
private void doCanCommit(final AsyncNotifyingSettableFuture clientSubmitFuture,
        final DOMDataTreeWriteTransaction transaction,
        final Collection<DOMStoreThreePhaseCommitCohort> cohorts) {

    final long startTime = System.nanoTime();

    final Iterator<DOMStoreThreePhaseCommitCohort> cohortIterator = cohorts.
        iterator();

    // Not using Futures.allAsList here to avoid its internal overhead.
    FutureCallback<Boolean> futureCallback = new FutureCallback<Boolean>() {
        @Override
        public void onSuccess(final Boolean result) {
            if (result == null || !result) {
                handleException(clientSubmitFuture, transaction, cohorts, CAN_
                    COMMIT, CAN_COMMIT_ERROR_MAPPER,
                        new TransactionCommitFailedException("Can Commit
                            failed, no detailed cause available."));
            } else if (!cohortIterator.hasNext()) {
                    // All cohorts completed successfully - we can move on to the
                        preCommit phase
                doPreCommit(startTime, clientSubmitFuture, transaction, cohorts);
            } else {
```

```
            Futures.addCallback(cohortIterator.next().canCommit(), this, More-
                Executors.directExecutor());
        }
    }

    @Override
    public void onFailure(final Throwable failure) {
        handleException(clientSubmitFuture, transaction, cohorts, CAN_COMMIT,
            CAN_COMMIT_ERROR_MAPPER, failure);
    }
};

ListenableFuture<Boolean> canCommitFuture = cohortIterator.next().canCommit();
Futures.addCallback(canCommitFuture, futureCallback, MoreExecutors.direct-
    Executor());
}
```

从代码清单 6-22 可以看出其非阻塞式实现是利用的 Java 的 Future 机制。通过添加 Future 的 Callback，来保证本次事务的所有 Cohort 都依次执行 canCommit()，若所有 Cohort 都已执行完 canCommit() 且返回全无异常后，再接着执行 ConcurrentDOMDataBroker 中的 doPreCommit() 方法。doPreCommit() 的实现逻辑与 doCanCommit() 实现机制与逻辑类似，所有 Cohort 都执行完 preCommit() 后且返回都无异常，在调用 ConcurrentDOMDataBroker 中的 doPreCommit() 方法，待所有 Cohort 都执行完 commit() 且都成功，则对最终返回的 Future 赋值，中间处理如果有异常，则执行完 Cohort 的 abort() 方法后赋值最终返回的 Future，这样就完成了一次事务的三阶段提交。

6.4.3　事务链实现

我们已经讲过了对 DataTree 的操作，需要基于 DataTree 的快照，也就是先要调用 DataTree 的 takeSnapshot() 方法获取快照，然后通过快照创建数据变更。快照之间是隔离的，基于快照的修改在没有完成最终提交之前，其他人是无法看到的。ODL 中的事务链的机制，提供了一种基于同一个数据树快照的事务执行机制，也就是说事务链中创建的事务，是基于同一个快照的。即使是同一个快照，同时创建多个事务并发执行，也肯定会导致冲突。因此，使用事务链创建事务时，必须要等上一个事务调用 commit() 后，才允许创建下一个事务。另外，事务链中创建的事务无法保证单个事务的原子性了，事务链中事务的提交是按照尽力而为的方式工作的。也就是说，事务链中的事务会先提交到本地（或者说快照），但并没有正式提交到 DataStore，这时，如果有新的事务需要处理并提交，就会直接处理这个新事务，待没有需要处理的事务时，才会把前面一批事务中的操作修改统一提交到 DataStore，提交后，其他非事务链创建的独立的事务才能看到更新后数据。

6.5　Binding DataBroker 的实现

我们已经提到 ConcurrentDOMDataBroker 已通过了 blueprint 的实例化，并把 DOM-DataBroker 接口注册为 OSGi 中的 Service 了，系统默认会在 sal-distributed-datastore 模块加载时完成这个工作。但是，DOMDataBroker 对普通应用开发者来说还不够友好，本节我们来学习 DataBroker(Binding) 的实现，核心内容是 DataBroker 与 DOMDataBroker 之间的适配实现机制。

第 5 章我们已经了解到 ODL 中 Binding 接口在 controller 子项目和 mdsal 子项目中分别有一份定义。其实，该接口的实现在 controller 子项目和 mdsal 子项目中也还都有一份。当然，随着 ODL 的演进发展，ODL 的后续版本最终应该会只保留在 mdsal 中的接口定义和实现。因此，Binding DataBroker 的实现我们只以 mdsal 中的实现源码来对 Binding DataBroker 的实现原理作个简单分析。

6.5.1　Adapter 设计

对于 ODL 的普通应用开发者，一般都是通过调用 Binding 类型的服务接口来使用 ODL 提供的 MD-SAL DataStore 和消息机制等基础组件。也就是说，对于 DataStore，普通应用开发者是通过调用 DataBroker 接口来与之交互的（创建事务并完成事务的操作和提交），这就需要实现 DataBroker 接口与 DOMDataBroker 接口之间的适配，完成两套接口间的对接，这个需求场景正是适配器模式的用武之地，因此 Binding DataBroker 接口实现的核心工作就是若干适配器的设计。

> **知识点**　适配器模式：所谓适配器模式，就是将一个接口转换成客户希望的另外一个接口，适配器是两个接口之间的桥梁，它结合了两个独立接口的功能。适配器模式的实现可以分为基于继承的类适配器和基于依赖的对象适配器两种方式。

当查看 mdsal 子项目中的 Binding 接口的实现模块 mdsal-binding-dom-adapter 的源代码，能看到就是定义了一堆的 Adaper，来实现这两套接口间的适配。我们来看一下 Data-Broker 接口的适配实现类 BindingDOMDataBrokerAdapter 的类图，如图 6-17 所示。

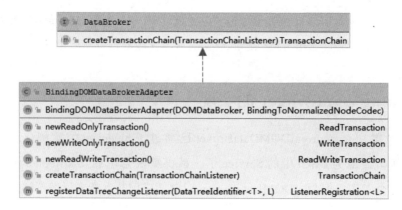

图 6-17　BindingDOMDataBrokerAdapter 类图

可以看出 BindingDOMDataBrokerAdapter 类实现了 DataBroker 接口，在构造方法中有一个 DOMDataBroker 类型的入参，也就是其采用的是基于依赖的对象适配器的实现方式。适配实现的最重要的工作就是实现 Binding 对象到 DOM 对象的互相转换。Binding-DOMDataBrokerAdapter 类的构造方法中还有一个 BindingToNormalizedNodeCodec 类型的入参，这个类是一个工具类，提供了 Binding 对象到 DOM 对象的互相转换的。除了这个 Adapter，已实现的与 DataBroker 相关的适配器还有 BindingDOMReadTransactionAdapter、BindingDOMWriteTransactionAdapter、BindingDOMReadWriteTransactionAdapter、Binding-DOMTransactionChainAdapter 和 BindingDOMDataTreeChangeServiceAdapter，以上 Adapter 的实现逻辑大致相同，都是把 Binding 对象转为 DOM 对象，然后直接调用 DOM 的接口，调用的返回值再转换为 Binding 对象。

BindingToNormalizedNodeCodec 的实现中，先是创建 Binding 对象，然后获取 Binding 对象的字段值，并对 Binding 对象字段的赋值都用到了 Java 的反射机制。创建 DOM 的对象，依赖到 YANG 的 Schema，区分不同的节点类型和字段类型。看源代码的读者会感觉到这个类的实现代码还是比较复杂的，细节比较多。但这些细节对于读者理解 MD-SAL 的架构设计和实现原理并非关键的，因此，需要的时候再去分析这部分代码也不迟。

6.5.2　BindingDOMDataBrokerAdapter 的初始化

我们已经学习了 ConcurrentDOMDataBroker 的实例化是用的 blueprint 配置，mdsal 子项目中，BindingDOMDataBrokerAdapter 的实例创建是使用的另外一种方式，向读者介绍一下。

首先，我们看一个接口的源代码如代码清单 6-23 所示。

代码清单 6-23　AdapterFacory

```
public interface AdapterFactory {
    DataBroker createDataBroker(DOMDataBroker domService);
    DataTreeService createDataTreeService(DOMDataTreeService domService);
    MountPointService createMountPointService(DOMMountPointService domService);
    NotificationService createNotificationService(DOMNotificationService domService);
    NotificationPublishService createNotificationPublishService(DOMNotification-
        PublishService domService);
    RpcConsumerRegistry createRpcConsumerRegistry(DOMRpcService domService);
    RpcProviderService createRpcProviderService(DOMRpcProviderService domService);
    ActionService createActionService(DOMActionService domService);
    ActionProviderService createActionProviderService(DOMActionProviderService
        domService);
}
```

这是一个适配器的工厂接口，定义了创建 Binding 接口对象的方法。其实现类的代码如代码清单 6-24 所示。

代码清单 6-24　BindingAdapterFactory

```
public final class BindingAdapterFactory implements AdapterFactory {
    private final BindingToNormalizedNodeCodec codec;
    public BindingAdapterFactory(final BindingToNormalizedNodeCodec codec) {
        this.codec = requireNonNull(codec);
    }
    @Override
    public DataBroker createDataBroker(final DOMDataBroker domService) {
        return new BindingDOMDataBrokerAdapter(domService, codec);
    }
    @Override
    public DataTreeService createDataTreeService(final DOMDataTreeService dom-
        Service) {
        return BindingDOMDataTreeServiceAdapter.create(domService, codec);
    }
......
}
```

这段代码中省略了非 DataBroker 相关的部分，从 DataBroker 的创建实现代码中，可以看出就是创建并返回了一个 BindingDOMDataBrokerAdapter 的实例。BindingDOMDataBroker-Adapter 的创建需要依赖 DOMDataBroker 和 BindingToNormalizedNodeCodec，在 mdsal-binding-dom-adapter 模块的 blueprint 配置文件中，配置了 BindingToNormalizedNodeCodec 的实例创建以及 BindingAdapterFactory 的实例创建，配置代码如代码清单 6-25 所示。

代码清单 6-25 binding-adapter.xml

```xml
<bean id="mappingCodec" class="org.opendaylight.mdsal.binding.dom.adapter.
    BindingToNormalizedNodeCodec" factory-method="newInstance" destroy-
    method="close">
    <argument ref="classLoadingStrategy"/>
    <argument ref="schemaService"/>
</bean>
<!-- Adapter factory based on the codec -->
<bean id="adapterFactory" class="org.opendaylight.mdsal.binding.dom.adapter.
    BindingAdapterFactory">
    <argument ref="mappingCodec"/>
</bean>
```

在 blueprint 的配置文件中，并没有直接通过 reference 获取 DOMDataBroker 的服务，而是通过使用 ServiceTracker 的方式动态监听 DOMDataBroker 服务的注册，监听到 DOMData-Broker 服务注册后，调用 BindingAdapterFactory 的 createDataBroker 方法创建 DataBroker 实例。ServiceTracker 的子类 AdaptingTracker 实现了监听 OSGi 的服务注册的处理逻辑，此处理逻辑来自于外部注入的 Function，如代码清单 6-26 所示。

代码清单 6-26 AdaptingTracker

```java
final class AdaptingTracker<D extends DOMService, B extends BindingService>
        extends ServiceTracker<D, ServiceRegistration<B>> {
    private final Function<D, B> bindingFactory;
    private final Class<B> bindingClass;

    AdaptingTracker(final BundleContext ctx, final Class<D> domClass, final Class<B>
        bindingClass,
        final Function<D, B> ) {
        super(ctx, domClass, null);
        this.bindingClass = requireNonNull(bindingClass);
        this.bindingFactory = requireNonNull(bindingFactory);
    }
    @Override
    public ServiceRegistration<B> addingService(final ServiceReference<D> reference) {
        if (reference == null) {
            LOG.debug("Null reference for {}, ignoring it", bindingClass.getName());
            return null;
        }
        if (reference.getProperty(ServiceProperties.IGNORE_PROP) != null) {
            LOG.debug("Ignoring reference {} due to {}", reference, Service-
                Properties.IGNORE_PROP);
            return null;
        }
```

```
        final D dom = context.getService(reference);
        if (dom == null) {
            LOG.debug("Could not get {} service from {}, ignoring it", binding-
                Class.getName(), reference);
            return null;
        }
        final B binding = bindingFactory.apply(dom);
        final Dict props = Dict.fromReference(reference);
        final ServiceRegistration<B> reg = context.registerService(bindingClass,
            binding, props);
        LOG.debug("Registered {} adapter {} of {} with {} as {}", bindingClass.get-
            Name(), binding, dom, props, reg);
        return reg;
    }
......
}
```

AdaptingTracker 的创建被封装在 DynamicBindingAdapter 类中，DynamicBindingAdapter
类中可以创建一组 tracker，以监听多个不同类型的服务。AdaptingTracker 实例化时的构造
方法中，Function 类型入参来自于 AdapterFactory 定义的方法。DynamicBindingAdapter 类
实现代码如下如代码清单 6-27 所示。

代码清单 6-27　DynamicBindingAdapter

```
public final class DynamicBindingAdapter implements AutoCloseable {
    private static final Logger LOG = LoggerFactory.getLogger(DynamicBindingAdapter.
        class);

    @GuardedBy("this")
    private List<AdaptingTracker<?, ?>> trackers;

    public DynamicBindingAdapter(final AdapterFactory factory, final Bundle-
        Context ctx) {
        trackers = ImmutableList.of(
            new AdaptingTracker<>(ctx, DOMDataBroker.class, DataBroker.class,
                factory::createDataBroker),
            new AdaptingTracker<>(ctx, DOMDataTreeService.class, DataTreeService.
                class, factory::createDataTreeService),
......
        LOG.debug("Starting {} DOMService trackers", trackers.size());
        trackers.forEach(ServiceTracker::open);
        LOG.info("{} DOMService trackers started", trackers.size());
......
    }
}
```

DynamicBindingAdapter 类的实例化是通过 blueprint 配置实现的，配置代码如代码清单 6-28 所示。

代码清单 6-28　binding-adapter.xml

```
<!-- Automatic DOM/Binding adapter instantiation -->
<bean id="dynamicAdapter" class="org.opendaylight.mdsal.binding.dom.adapter.osgi.
    DynamicBindingAdapter"
        destroy-method="close">
    <argument ref="adapterFactory"/>
    <argument ref="blueprintBundleContext"/>
</bean>
```

总结一下 BindingDOMDataBrokerAdapter 的实例创建过程。当本模块加载时，通过 blueprint 配置创建 DynamicBindingAdapter 实例，在 DynamicBindingAdapter 的构造方法中，创建了 ServiceTracker 监听 DOMDataBroker 服务的注册，如果监听到 DOMDataBroker 服务注册到 OSGi，则调用 AdapterFactory 中的 createDataBroker() 方法创建 BindingDOMData-BrokerAdapter 的实例，并注册 DataBroker 服务到 OSGi。

6.6　本章小结

本章内容有些多，主要围绕 Distributed DataStore 的实现介绍了相关的背景知识和核心实现流程，但 sal-distributed-datastore 模块作为 ODL 中最复杂的模块，确实有太多细节值得介绍，不过限于篇幅，无法一一展开。在实际的工作中，大家只需要抓住其总体实现思路，理解其大概实现原理，发现问题并需要定位分析时，再研究具体的实现细节可能是一种更好的选择。

ODL 中，DataStore 的实现代码更新还是比较频繁的，一直在不断地优化并修复发现的 bug，本章中的源代码与大家看到的最新的源代码可能有些出入，这一点读者在分析具体代码时，还请注意。

MD-SAL RPC 的设计与实现

RPC 的全称是 Remote Procedure Calls，即远程过程调用，设计 RPC 框架的目的就是让远程的方法调用像本地调用一样方便。在 ODL 中，MD-SAL RPC 可以认为是一种请求响应模式的单播消息机制，也可以认为是消费者与提供者之间的一对一的位置透明的方法调用机制，这里的调用可能是本地调用，也可能是远程调用。

在 ODL 中，RPC 是通过 YANG 语言来定义的，在项目编译阶段，yangtools 会根据 YANG 模型文件生成 RPC 的 Java 接口定义源码及其他相关的接口和类。实现 RPC 接口的模块称为提供者，调用 RPC 接口中方法的模块称为消费者。MD-SAL 框架提供了 RPC 的注册以及消费者与提供者之间的调用路由机制。下面我们来了解这套机制是如何设计实现的。

7.1　一个实例

从一个 RPC 的实例入手，看一下如何用 YANG 定义 RPC，以及 RPC 的注册和调用的实现过程。

7.1.1　RPC 的 YANG 模型定义

通过 YANG 语言定义一个 RPC 是很容易的，首先定义 RPC 的关键词是 rpc，后面跟一个名称，然后是大括号内用关键词 input 和 output 定义 RPC 的输入和输出参数，下面是一个 RPC 定义的 YANG 模型的例子，如代码清单 7-1 所示。

代码清单 7-1 一个 RPC 的 YANG 模型定义 (kitchen.yang)

```
module kitchen {
    yang-version 1;
    namespace "urn:sdnlab:kitchen";
    prefix kitchen;
    import yang-ext {prefix "ext"; revision-date "2013-07-09";}

    revision "2009-11-20" {
        description
        "Toaster module in progress.";
    }
    identity toaster-context {
    }
    container toasters {
        list toasterlist {
            key "id";
            leaf id {
                type string;
            }
            leaf brand {
                type string;
            }
            leaf desc {
                type string;
            }
        }
    }

    rpc make-toast {
        description "Make some toast.";
        input {
            leaf toaster-id {
            ext:context-reference "toaster-context";
            type instance-identifier;
                }
        leaf toasterDoneness {
                type uint32 {
                    range "1 .. 10";
                }
                default '5';
            }
        }
        output {
            leaf result {
                type string;
            }
        }
```

```
    }
    rpc cancel {}
}
```

RPC 的 YANG 定义，除了名称是必需地，input 和 output 在 RPC 模型定义中都不是必需地，一个 RPC 可以既有 input 又有 output，也可以只有 input 或者 output，还可以 input 和 output 都没有。

这里，有一个还需要进一步解释的地方是，上面例子中在定义第一个 rpc 方法时，在 input 中定义了一个比较特殊的入参字段 toaster-id，这个字段的类型是 instance-identifier。该字段还附加了一个扩展声明 ext:context-reference "toaster-context"，用以标识这个字段是 RPC 方法调用时路由查找时的路由字段。在 ODL 中，如果定义 rpc 方法时，在 input 中定义了这样的入参字段，则表明该 RPC 方法是 Routed RPC（上面例子中的 make-toast）。反之，则为 Global RPC 方法（上面例子中的 cancel）。Global RPC 在一个 ODL 控制器节点上，只会有一个实例生效，而 Routed RPC 在一个 ODL 控制器节点上可以有多个实例生效，调用时，通过 input 中填入的路由字段来确定具体调用哪个实例。

无论是 Global RPC 还是 Routed RPC，具体是本地调用还是跨节点的远程调用都是由 ODL 集群中，所有集群节点上 RPC 的注册信息来确定的。在查找 RPC 实现时，优先查找本地的 RPC 注册信息，如果在本地注册信息中，找到了对应的 RPC 的注册条目，则会直接调用本地的 RPC 实例，如果本地找不到，才会在整个集群的 RPC 注册信息里查找是否有对应的 RPC 实例注册，找到的话，就进行跨节点的远程调用。如果整个集群的 RPC 注册信息中都找不到对应的 RPC 实例，则返回 RPC 未实现的提示。

7.1.2　RPC 的生成接口

由于 Java 中没有独立的方法定义，所有方法都是在类或者接口中定义，因此，在根据 YANG 模型生成 Java 代码时，RPC 方法也是定义在接口中的。下面我们来学习 YangTools 编译生成的代码，生成的代码默认在 YANG 模型文件所在模块的 target/generated-sources/ mdsal-binding 目录下，该目录下会生成一个如代码清单 7-2 的 Java 接口：

代码清单 7-2　KitchenService.java

```java
public interface KitchenService extends RpcService
{
    /**
     * Make some toast.
     *
```

```
    */
@CheckReturnValue
ListenableFuture<RpcResult<MakeToastOutput>> makeToast(MakeToastInput input);
@CheckReturnValue
ListenableFuture<RpcResult<CancelOutput>> cancel(CancelInput input);
}
```

  KitchenService 的 Java 接口名字是根据上面 YANG 模型的 module 名生成的，该接口内定义了 YANG 模型文件中声明的两个 RPC 方法 make-toaster 和 cancel。该接口继承自 RpcService，RpcService 是 ODL 中定义的一个 Binding RpcService 接口，再 7.2 节中在详细介绍 RPC 的相关 Binding 接口定义。该接口中定义了 YANG 模型文件中的两个 RPC 方法——makeToaster 和 cancel，RPC 方法的返回值都是采用 Future 机制获取的，也就是 RPC 方法默认支持异步的实现和调用机制。另外，RPC 定义中的 input 和 output 生成了 MakeToastInput、MakeToastOutput、CancelInput、CancelOutput 接口。同时，生成了构建上面四个接口的 Builder 类包括 MakeToastInputBuilder、MakeToastOutputBuilder、CancelInputBuilder 和 CancelOutputBuilder。以上就是生成的与 RPC 模型定义相关的接口和类。

  7.1.1 节中 RPC 定义的 input 中的路由字段，在生成代码时，会在获取该字段的方法上添加一个注解，代码如代码清单 7-3 所示。

代码清单 7-3 MakeToastInput.java

```
public interface MakeToastInput extends RpcInput,Augmentable<MakeToastInput>
{

    public static final QName QNAME = $YangModuleInfoImpl.qnameOf("input");

    @Override
    default Class<org.opendaylight.yang.gen.v1.urn.sdnlab.kitchen.rev091120.
        MakeToastInput> implementedInterface() {
        return org.opendaylight.yang.gen.v1.urn.sdnlab.kitchen.rev091120.MakeToast
            Input.class;
    }

    /**
     * @return <code>org.opendaylight.yangtools.yang.binding.InstanceIdentifier </code>
          <code>toasterId</code>, or <code>null</code> if not present
     */
    @RoutingContext
    (
    value=org.opendaylight.yang.gen.v1.urn.sdnlab.kitchen.rev091120.ToasterContext.
        class
    )
```

```
@Nullable InstanceIdentifier<?> getToasterId();

/**
 * @return <code>java.lang.Long</code> <code>toasterDoneness</code>, or <code>
       null</code> if not present
 */
@Nullable Long getToasterDoneness();
}
```

代码清单 7-3 中由 YangTools 生成的接口定义，对于 getToasterId() 方法，增加了注解 @RoutingContext，表明这个属性字段是 RPC 的路由字段。

7.1.3　RPC 的实现与调用

KitchenService 是一个 Java 接口，这里给出一个实现该接口的类 KitchenProvider 的源代码如代码清单 7-4 所示。

代码清单 7-4　KitchenProvider.java

```
public class KitchenProvider implements KitchenService {

    public KitchenProvider(RpcProviderService rpcProviderService) {
        InstanceIdentifier<Toasterlist> id = InstanceIdentifier.builder(Toasters.class)
                .child(Toasterlist.class,new ToasterlistKey("one")).build();
        Set set = new HashSet();
        set.add(id);
        rpcProviderService.registerRpcImplementation(KitchenProvider.class,this,set);
    }
    @Override
    public ListenableFuture<RpcResult<MakeToastOutput>> makeToast(MakeToastInput input) {
        MakeToastOutputBuilder builder = new MakeToastOutputBuilder();
        builder.setResult("OK!");
return RpcResultBuilder.success(builder.build()).buildFuture();
    }

    @Override
    public ListenableFuture<RpcResult<CancelOutput>> cancel(CancelInput input) {
        CancelOutputBuilder builder = new CancelOutputBuilder();
        return RpcResultBuilder.success(builder.build()).buildFuture();
    }
}
```

在 KitchenProvider 中，实现了接口中定义的两个 rpc 方法，同时，在这个类的构造方法中，通过调用 RpcProviderService 服务提供的注册方法 registerRpcImplementation() 实现对这个 RPC 进行注册。注册后，如果我们需要在其他模块中调用这两个 rpc 方法，我们需要调用 RpcConsumerRegistry 提供的 getRpcService() 方法获取到 KitchenService 这个 RPC 的接口。获取这个接口的代码如下：

```
kitchenService = rpcConsumerRegistry.getRpcService(KitchenService.class);
```

实际上，上述方法获取的是 KitchenService 的一个 Java 动态代理，这样我们就可以像本地对象间调用一样直接调用 KitchenService 中的方法了，即：kitchenService.test (input)。

上面，RpcProviderService 与 RpcConsumerRegistry 也是 MD-SAL 框架中定义的两个 RPC 的 Binding 服务接口，RpcProviderService 的接口定义了 RPC 的注册方法，RpcConsumerReyistry 接口定义了获取 RPC 的方法。从这个例子可以看出实现 RPC 机制有两个关键功能点：1）RPC 的注册（或称之为发布）。2）RPC 的方法调用。RPC 机制的设计和实现也是围绕这两个功能来设计的，下面我们来学习 RPC 的接口设计和实现原理。

7.2　RPC 机制的总体设计

RPC 框架的设计不仅要有消费者和提供者的角色，一个成熟的 RPC 框架一般还必须有一个 Registry（注册中心）的角色。注册中心主要用于解耦 RPC 调用中的定位问题，以保证 RPC 调用的透明性，这是分布式系统必须面对的一个问题。因此 RPC 机制的接口设计是围绕着 RPC 的注册与 RPC 的发现及调用来设计的。当然，RPC 机制的服务接口的设计同样遵照了 MD-SAL 的总体架构设计，因此，RPC 的接口也分为 Binding 接口和 DOM 接口。7.1.3 节的例子中，实现 RPC 注册功能的服务接口 RpcProviderService 与获取 RPC 的 RpcConsumerRegistry 服务接口都是 RPC 的 Binding 服务接口。与 DataStore 类似，Binding 接口最终是调用 DOM 接口来实现的。虽然，在 controller 子项目里和 mdsal 子项目里是仍有两套类似的 RPC 服务接口定义和两套兼容实现，但是，controller 子项目里的接口定义最终是会被废弃的。因此，下面是以 mdsal 的源代码为基础介绍的。

7.2.1　Binding 接口设计

在前面的例子中调用 RpcProviderService 这个 Binding 服务接口实现了 RPC 的注册，该接口的源码定义如代码清单 7-5 所示。

代码清单 7-5　RpcProviderService.java

```
public interface RpcProviderService extends BindingService {
```

```
<S extends RpcService, T extends S> ObjectRegistration<T>  registerRpcImplem
    entation(Class<S> type, T implementation);

<S extends RpcService, T extends S> ObjectRegistration<T> registerRpcImplement
    ation(Class<S> type, T implementation, Set<InstanceIdentifier<?>> paths);
}
```

RpcProviderService 接口里定义了两个 RPC 注册方法，两个方法的区别在于是否包含路由字段。也就是说，对于 Global RPC，需要调用第一个注册方法，而对于 Routed RPC，则需要调用第二个方法注册。注册 RPC 后，还必须注册 routedId。注册了 RPC，如果想调用 RPC 方法，就需要找到注册的 RPC，获取 RPC 的服务接口 RpcConsumerRegistry 的源代码如代码清单 7-6 所示。

代码清单 7-6　RpcConsumerRegistry.java

```
public interface RpcConsumerRegistry extends BindingService {
    <T extends RpcService> @NonNull T getRpcService(@NonNull Class<T> serviceInterface);
}
```

RpcConsumerRegistry 接口定义了一个方法 getRpcService，入参就是前面例子中由 yangtools 生成的继承自 RpcService 接口的 RPC 接口。而 RpcService 接口没有定义任何方法，只是为了标明继承自该接口的接口为 RPC 类型接口，RpcService 接口源码如代码清单 7-7 所示。

代码清单 7-7　RpcService.java

```
public interface RpcService {
}
```

上面 3 个接口是 RPC 相关的 Binding 接口设计，接口设计比较简单，其中 RpcProvider-Service 和 RpcConsumerRegistry 最终都发布为 OSGi 的 Service，在应用开发中，可以直接通过 blueprint 配置来获取这两个 Service。Binding 服务接口最终是适配到调用 DOM 接口的实现，接下来我们再了解 RPC 相关的 DOM 服务接口设计。

7.2.2　DOM 接口设计

先看下注册 RPC 的 DOM 接口 DOMRpcProviderService，源码如代码清单 7-8 所示。

代码清单 7-8　DOMRpcProviderService.java

```
public interface DOMRpcProviderService extends DOMService {
    @NonNull <T extends DOMRpcImplementation> DOMRpcImplementationRegistration<T>
```

```
        registerRpcImplementation(@NonNull T implementation, @NonNull DOMRpc
            Identifier... rpcs);
    @NonNull <T extends DOMRpcImplementation> DOMRpcImplementationRegistration<T>
        registerRpcImplementation(@NonNull T implementation, @NonNull Set<DOMRpc
            Identifier> rpcs);
}
```

　　DOMRpcProviderService 接口也定义了两个方法，分别对应 Global RPC 的注册和 Routed
RPC 的注册。与 Binding 服务接口中定义的注册方法的不同仅是入参类型的区别。再看下
RPC 的调用的接口的源码定义，如代码清单 7-9 所示。

代码清单 7-9　DOMRpcService.java

```
public interface DOMRpcService extends DOMService {
    @NonNull ListenableFuture<DOMRpcResult> invokeRpc(@NonNull SchemaPath type,
        @Nullable NormalizedNode<?, ?> input);
    @NonNull <T extends DOMRpcAvailabilityListener> ListenerRegistration<T>
        registerRpcListener(@NonNull T listener);
}
```

　　在 DOMRpoService 接口定义中，定义了两个方法。一个是 RPC 的调用方法 invokeRpc，
这个是 DOM 接口中定义的所有调用 RPC 方法的统一入口。另一个是监听器的注册方法，该监
听器可以接收到注册的和注销的 RPC 信息。再看下 DOMRpcImplementation 和 DOMRpcResult
接口的源码定义，DOMRpcImplementation 接口表示单个 RPC 方法的抽象，DOMRpcResult
接口是通过 RPC 方法调用的返回结果的抽象，如代码清单 7-10 代码清单 7-11 所示。

代码清单 7-10　DOMRpcImplementation.java

```
public interface DOMRpcImplementation {
    @NonNull ListenableFuture<DOMRpcResult> invokeRpc(@NonNull DOMRpcIdentifier rpc,
        @Nullable NormalizedNode<?, ?> input);

    default long invocationCost() {
        return 0;
    }
}
```

代码清单 7-11　DOMRpcResult.java

```
@NonNullByDefault
public interface DOMRpcResult {
    Collection<? extends RpcError> getErrors();

    @Nullable NormalizedNode<?, ?> getResult();
}
```

相比自动生成 Binding 的 RpcService 接口和其他的特定类型的输入输出定义的方法，DOM 的 RPC 对应的接口设计都更为通用和普适，更适合统一处理。

最后，DOMRpcAvailabilityListener 接口定义了 RPC 注册和注销时的回调处理方法，代码如代码清单 7-12 所示。

代码清单 7-12　DOMRpcAvailabilityListener.java

```
public interface DOMRpcAvailabilityListener extends EventListener {
    void onRpcAvailable(@NonNull Collection<DOMRpcIdentifier> rpcs);
    void onRpcUnavailable(@NonNull Collection<DOMRpcIdentifier> rpcs);
    default boolean acceptsImplementation(final DOMRpcImplementation impl) {
        return true;
    }
}
```

这个接口定义了 3 个方法，分别是新注册的 RPC 信息的通知和注销的 RPC 信息的通知，还有一个方法 acceptsImplementation() 是用来判断注册的 DOMRpcImplementation 实例是否需要进行通知，其在 controller 子项目的模块 sal-remoterpc-connector 中，可以看到这个监听器接口的实现，并会了解到对于在控制器集群中其他节点上注册的 RPC，在本地也会创建一个 RemoteRpcImplementation 类的实例，对于此种实例的注册，监听器是不会进行处理的。

7.2.3　总体实现流程

实现 Binding 接口的模块在 ODL 中为 mdsal 子项目的 mdsal-binding-dom-adapter（DataStore 的 Binding 接口实现也在这个模块中），可称之为 BindingBroker。实现 DOM 接口的模块为 mdsal 子项目 mdsal-dom-broker，可称之为 DOMBroker。下面我们看下 RPC 的注册和调用的流程图，了解 RPC 机制实现的大概流程。图 7-1 是 RPC 的注册流程图。

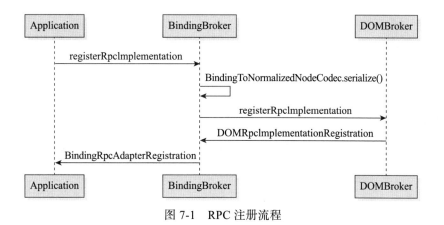

图 7-1　RPC 注册流程

　　RPC 注册的流程比较简单，应用开发者（RPC Provider 的开发者）调用 RPC 的 Binding 接口进行注册，BindingBroker 把注册的 Binding 对象转换为 DOM 对象，并使开发者实现的 RPC 实现方法被封装为 DOMRpcImplementation 实例，最后调用 RPC 的 DOM 接口，写入 DOMBroker 中定义的 RPC 注册表中来完成注册。

　　图 7-2 是 RPC 的调用流程图。

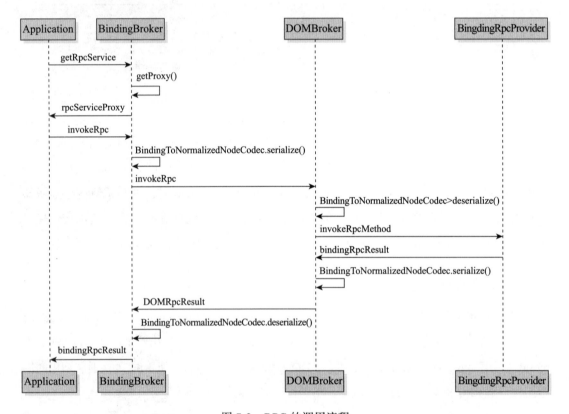

图 7-2　RPC 的调用流程

　　RPC 的调用流程也不复杂，但要注意两点：1）调用 RPC 的 Binding 接口在获取 RPC 接口时，BindingBroker 返回的是该 RPC 的 Binding 接口的动态代理，而非原来注册的 RPC 实现实例的引用。2）上面流程中，在 DOMBroker 调用 RPC 的实现方法前，还有一个路由查找的过程，且本地找不到的话，还会在整个控制器集群的 RPC 注册信息中查找，也就是本次调用可能是一个远程调用的过程。这个步骤在上面流程图中并没有画出来。

7.3　RPC 机制实现详解

7.3.1　DOMBroker 实现详解

介绍过的 RPC 的 DOM 服务接口 DOMRpcProviderService 和 DOMRpcService 分别定义了 RPC 的注册和调用的方法，并在 DOMRpcRouter 类内部实现了这两个接口并把这两个服务接口发布为 OSGi 的 Service，且是通过 blueprint 配置完成的。

1. DOMRpcRouter 的实例化配置

代码清单 7-13 就是 RPC 的 DOM 服务接口的实例化配置脚本。

代码清单 7-13　DOMRpcRouter 的实例化配置（dom-broker.xml）

```
<!-- DOM RPC Service -->
    <bean id="domRpcRouter" class="org.opendaylight.mdsal.dom.broker.DOMRpcRouter"
            factory-method="newInstance" destroy-method="close">
        <argument ref="schemaService"/>
    </bean>

    <bean id="domRpcService" factory-ref="domRpcRouter" factory-method="getRpcService"/>
    <service ref="domRpcService" odl:type="default">
        <interfaces>
            <value>org.opendaylight.mdsal.dom.api.DOMRpcService</value>
        </interfaces>
    </service>

    <bean id="domRpcProviderService" factory-ref="domRpcRouter" factory-method=
        "getRpcProviderService"/>
    <service ref="domRpcProviderService" odl:type="default">
        <interfaces>
            <value>org.opendaylight.mdsal.dom.api.DOMRpcProviderService</value>
        </interfaces>
    </service>
```

在这个配置脚本中，首先创建了 DOMRpcRouter 的实例，该实例中包含了 DOMRpc-Service 接口和 DOMRpcProviderService 接口的实现实例的方法 getRpcService 和 getRpcProvider-Service，然后把 DOMRpcService 接口和 DOMRpcProviderService 接口的实现实例发布到 OSGi 的 Service。代码清单 7-14 就是 DOMRpcRouter 类中创建上面两个接口实例的源代码：

代码清单 7-14　DOMRpcRouter.java

```
public final class DOMRpcRouter extends AbstractRegistration implements SchemaContext
    Listener {
    ......
```

```
    private final DOMRpcProviderService rpcProviderService = new RpcProvider
        ServiceFacade();
    private final DOMRpcService rpcService = new RpcServiceFacade();
    private volatile DOMRpcRoutingTable routingTable = DOMRpcRoutingTable.EMPTY;
......
    public DOMRpcService getRpcService() {
        return rpcService;
    }

    public DOMRpcProviderService getRpcProviderService() {
        return rpcProviderService;
    }
}
```

代码清单 7-14 中，RpcProviderServiceFacade 和 RpcServiceFacade 类是在 DOMRpcRouter.
java 中定义的两个私有内部类，分别实现了 DOMRpcProviderService 和 DOMRpcService 接
口。还看出 DOMRpcRouter 定义了一个 DOMRoutingTable 类型的成员变量 routingTable，这
个就是 RPC 的注册表，因此，DOMRpcRouter 还承担了 RPC 中注册中心的角色。下面我们
来学习这个注册表的设计。

2. 注册表设计

先看下图 7-3，这是 RPC 的注册表类 DOMRoutingTable 与相关的类的继承及关联关系图。

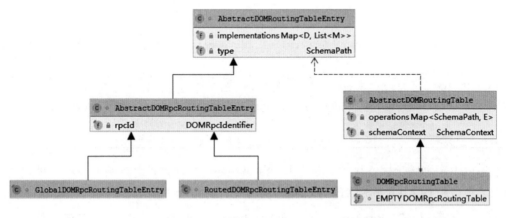

图 7-3   DOMRpcRoutingTable 继承及关联关系图

从图 7-3 中看到，DOMRpcRoutingTable 继承自 AbstractRoutingTable 类。AbstractRoutingTable
类中定义了一个 Map 集合类型的变量 operations，这个 Map 的 key 是 SchemaPath（可以标识 YANG
中一个 RPC 方法的定义），E 是一个泛型类型，具体类型是 AbstractDOMRoutingTableEntry 的
子类。这个地方之所以采用泛型定义，是由于在 ODL 的最新版本中，还支持 YANG 语言中

定义的 action，因此除了 DOMRpcRoutingTable 外，还有一个 DOMActionRoutingTable，也是继承自 AbstractRoutingTable，且采用泛型，能够更好地复用 AbstractRoutingTable 的代码。

AbstractDOMRoutingTableEntry 类中也定义了一个 Map 集合类型的变量 implementations。这个 Map 的 key 是 YangInstanceIdentifier（DOMRpcImplementation 的路由字段），值是一个 List 类型的集合，保存注册的所有 DOMRpcImplementation 实例。对于 GlobalDOMRpcRoutingTableEntry，Map 变量 implementations 中最多只有一条记录，其路由字段固定为 YangInstanceIdentifier. EMPTY，对于 RoutedDOMRpcRoutingTableEntry，implementations 中可能保存若干条记录，不同的记录是基于 routedId 区分的。

因此，RPC 注册表的设计结构可简单理解为 Map<SchemaPath，Map<YangInstanceIdentifier 和 List<DOMRpcImplementation>>>。外层 Map 是以 YANG 中定义的 RPC 方法标识为 key，内层 Map 是以 routedId（YangInstanceIdentifier 类型）为 key。注册表被设计为不可变更，如果要更改注册表中的注册信息，需要通过重建一个新的注册表并装载原来的注册信息的方式实现的。代码实现如代码清单 7-15 所示。

代码清单 7-15　RPC 注册实现代码

```
@Override
public <T extends DOMRpcImplementation> DOMRpcImplementationRegistration<T>
    registerRpcImplementation( final T implementation, final Set<DOMRpcIdentifier> rpcs) {
    synchronized (DOMRpcRouter.this) {
        final DOMRpcRoutingTable oldTable = routingTable;
        final DOMRpcRoutingTable newTable = (DOMRpcRoutingTable) oldTable.add
            (implementation, rpcs);
        routingTable = newTable;

        listenerNotifier.execute(() -> notifyAdded(newTable, implementation));
    }

    return new AbstractDOMRpcImplementationRegistration<T>(implementation) {
        @Override
        protected void removeRegistration() {
            removeRpcImplementation(getInstance(), rpcs);
        }
    };
}
```

代码中的关键词 synchronized 保证 RPC 注册过程只能单线程串行处理，确保了注册表创建过程的安全性。注册 RPC 前，RPC 注册表被初始化为 EMPTY，注册 RPC 时，会合并原来注册表中的条目，在合并时，如果之前已经注册了同样 key 的条目，则取出原来的条目，在 RPC 实现列表中添加新的 RPC 实现，然后根据新购建的条目构建一个新的注册表。完成注册后，会发送通知给关注 RPC 注册的监听器，同时创建一个 AbstractDOMRpcImplementationRegistration 对象，并实现注销 RPC 时的回调方法。

对于注册表内层的 Map，其值类型为 List，当有多个同样 routeId 的 RPC 实现时（特别的是 Global RPC 的 routedId 固定为 YangInstanceIdentifier.EMPTY），会在 List 里体现为多个条目，List 会按照每个 RPC 实现的 cost 值从小到大统一进行排序，cost 小的排前面，cost 大的排后面，cost 相同的会按照先来后到原则放置。

> 📖 **注意** 在目前 ODL 版本中，cost 主要是区分 RPC 的实现方式，DOMRpcImplementation 本地实现默认 cost 值为 0，Binding 适配实现 cost 值为 1，其他节点注册的 RPC 的远程实现，cost 值为 2。

3. 路由机制

所谓 RPC 的路由机制就是 RPC 的实现中的查找机制。查找过程是先根据入参 SchemaPath（RPC 方法的定义）查找注册表中注册的所有的 RPC 方法列表（外层 Map），如果查找的到，则返回内层的 Map，然后再根据 input 参数中的路由字段查找 RPC 的实现。特别地，对 Global RPC，路由字段值默认为选取固定的 YangInstanceIdentifier.EMPTY，因此内层 Map 中只有一条记录，对于 Routed RPC，先根据 routedId 查找内层 Map 的对应记录，获取该条记录的 RPC 实现列表，然后取 List 中第一个条目执行 RPC 的调用。RPC 路由调用过程的流程图如图 7-4 所示。

对于 Global RPC 的路由查找过程，其实现代码可简化为下面这一条语句：

```
routingTable.getEntry(type).getImplementations(YangInstanceIdentifier.EMPTY).get(0)
```

对于 Routed RPC 的路由查找过程，如果是本节点调用，实现代码可简化为下面这一条语句。

```
routingTable.getEntry(type).getImplementations(routedId).get(0)
```

Routed RPC 的跨节点调用流程后面再讲解。

7.3.2 BindingBroker 实现详解

前面的实例中，已经了解到 KitchenService 接口是根据 YANG 模型文件自动生成的代码。该接口中定义的 RPC 方法的入参出参的接口也都是自动生成的。开发者可以调用服务接口 RpcProviderService 的方法注册 KitchenService 的实现，该调用过程被适配到采用

DOMRpcProviderService 的注册 RPC 方法，并最终写入 RPC 注册表。与 DataStore 的 Binding
接口实现类似，RPC 的 BindingBroker 也是数个 Adapter 类，包括 BindingDOMRpcProvider
ServiceAdapter、BindingDOMRpcImplementationAdapter、BindingDOMRpcServiceAdapter 和
RpcServiceAdapter 等，前面两个 Adapter 实现了 RPC 的注册，后面两个 Adapter 实现了 RPC
的调用。这些 Adapter 的作用也是作为 Binding 接口与 DOM 接口之间的桥梁，实现这两种接
口的不同类型的参数进行转换，下面我们来了解适配过程是怎么实现的。

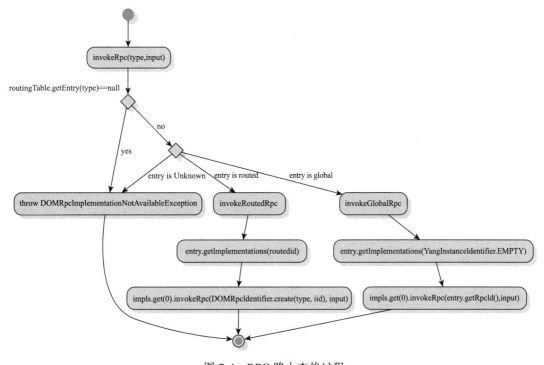

图 7-4　RPC 路由查找过程

1. RPC 注册接口适配

BindingDOMRpcProviderServiceAdapter 实现 RPC 的 Binding 注册接口到 DOM 注册接
口的适配，先来看该类中这段代码，如代码清单 7-16 所示。

代码清单 7-16　RPC Binding 接口注册实现代码

```
private <S extends RpcService, T extends S> ObjectRegistration<T> register (final
    Class<S> type,
        final T implementation, final Collection<YangInstanceIdentifier>
            rpcContextPaths) {
        final Map<SchemaPath, Method> rpcs = getCodec().getRpcMethodToSchemaPath
            (type).inverse();
```

```
final BindingDOMRpcImplementationAdapter adapter = new BindingDOMRpcImpl
    ementationAdapter(
    getCodec().getCodecRegistry(), type, rpcs, implementation);
final Set<DOMRpcIdentifier> domRpcs = createDomRpcIdentifiers(rpcs.
    keySet(), rpcContextPaths);
final DOMRpcImplementationRegistration<?> domReg = getDelegate().register
    RpcImplementation(adapter, domRpcs);
return new BindingRpcAdapterRegistration<>(implementation, domReg);
}
```

代码清单 7-16 是 RPC 注册的适配主体代码。首先，这段代码开头解析提取出注册的 RPC 接口中定义的 Method 及对应的 SchemaPath，其解析接口中定义的 Method 信息，是为了后面能够通过动态代理和反射机制调用这些方法。然后把解析出来的信息作为入参构建了 BindingDOMRpcImplementationAdapter 实例。之后，是调用 createDomRpcIdentifiers() 方法构建 DOMRpcIdentifier 的集合，createDomRpcIdentifiers() 的实现代码如代码清单 7-17 所示。

代码清单 7-17　RPC Binding 接口注册实现代码

```
private static Set<DOMRpcIdentifier> createDomRpcIdentifiers(final Set<SchemaPath>
    rpcs, final Collection<YangInstanceIdentifier> paths) {
    final Set<DOMRpcIdentifier> ret = new HashSet<>();
    for (final YangInstanceIdentifier path : paths) {
        for (final SchemaPath rpc : rpcs) {
            ret.add(DOMRpcIdentifier.create(rpc, path));
        }
    }
    return ret;
}
```

代码清单 7-17 中的方法逻辑并不复杂，通过两个 for 循环把标识了 RPC 方法定义的 SchemaPath 与 RPC 方法的 routedId 两两组合生成 DOMRpcIdentifier 实例。最后，把 BindingDOMRpcImplementationAdapter 实例与 DOMRpcIdentifier 实例集合作为入参调用 DOMRpcProviderService 服务完成 RPC 注册。这其中，BindingDOMRpcImplementationAdapter 类实现了 DOMRpcImplemation 接口，其封装实现了 RPC 方法的调用及出参和入参类型的转换。

2. RPC 调用接口适配

RPC 框架需要解决的一个问题是：像调用本地接口一样调用远程的接口。于是如何组装数据报文，并经过网络传输发送至服务提供方，且屏蔽远程接口调用的细节，便是动态代理需要做的工作了。RPC 框架中的代理层往往是单独的一层。下面来了解 RpcService 的动态代理的实现，图 7-5 是 BindingDOMRpcServiceAdapter 的类设计图。

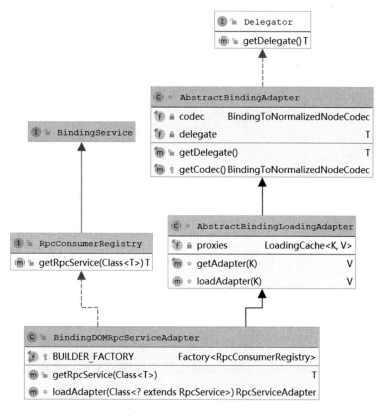

图 7-5　BindingDOMRpcServiceAdapter 类设计图

其中 getRpcService() 方法的实现如代码清单 7-18 所示。

代码清单 7-18　RpcService 获取实现代码

```
public <T extends RpcService> T getRpcService(final Class<T> rpcService) {
    checkArgument(rpcService != null, "Rpc Service needs to be specied.");
    return (T) getAdapter(rpcService).getProxy();
}
```

该实现方法调用了 getAdapter() 方法，getAdapter() 方法定义在其父类 AbstractBinding-LoadingAdapter 中，AbstractBindingLoadingAdapter 的源码如代码清单 7-19 所示。

代码清单 7-19　AbstractBindingLoadingAdapter.java

```
abstract class AbstractBindingLoadingAdapter<D, K, V> extends AbstractBindingAdapter
    <D> {
    private final LoadingCache<K, V> proxies = CacheBuilder.newBuilder().weakKeys()
        .build(new CacheLoader<K, V>() {
        @Override
        public V load(final K key) {
```

```
        return loadAdapter(key);
    }
});

AbstractBindingLoadingAdapter(final BindingToNormalizedNodeCodec codec, final D
    delegate) {
    super(codec, delegate);
}

final V getAdapter(final K key) {
    return proxies.getUnchecked(key);
}

abstract V loadAdapter(K key);
}
```

AbstractBindingLoadingAdopter 是一个抽象类，该类利用了 Guava Cache 缓存创建的
动态代理类，Guava Cache 存储结构类似 ConcurrentMap，但 Guava Cache 可以自动回收
缓存中对象，使 JVM 内存占用不超过限值。这样即能通过缓存提升了速度，又不使 JVM
内存超过限值。这里设计的 Cache 的 key 是继承自 RpcService 的 Class 类型，也就是自动
生成的包含 RPC 方法的 Java 接口。其值就是创建的代理类实例，也即 RpcServiceAdapter
实例。RpcServiceAdapter 类实现了 InvocationHandler 接口，创建了 RpcService 接口的代
理，实现了 RPC 方法调用的统一代理。最后是调用 OSGi 中发布的 DOMRpcService 服务
的 invokeRpc() 方法，接下来就是 7.3.1 讲解的 RPC 的路由查找，查找到注册的封装了 RPC
方法的 DOMRpcImplementation 接口实现实例，最终通过 Java 反射机制来完成 RPC 方法
调用。

从 Binding 接口到 DOM 接口进行调用 RPC 并最终返回响应给调用者，会涉及两次
Binding 与 DOM 对象间的相互转换。由于 RPC 方法的最终实现仍然是开发者根据自动生
成的 Java 接口进行实现的，其实现的 RPC 接口直接返回的就是 Binding 对象，虽然不转换
直接返回效率会更高，但是这样就缺少数据的合法性校验（valid）。因此，ODL 定义了一个
Java 属性配置 org.opendaylight.mdsal.binding.dom.adapter.disableCodecShortcut，用户可以
配置这个属性来决定处理逻辑。读取这个属性的代码是。

```
static final boolean ENABLE_CODEC_SHORTCUT = !Boolean.getBoolean("org.opendaylight.
    mdsal.binding.dom.adapter.disableCodecShortcut");
```

动态代理中调用 RPC 方法的代码如代码清单 7-20 所示。

代码清单 7-20　动态代理中 RPC 方法调用处理代码

```
ListenableFuture<RpcResult<?>> invoke0(final SchemaPath schemaPath, final ContainerNode
    input) {
    final ListenableFuture<DOMRpcResult> result = delegate.invokeRpc(schemaPath,
        input);
    if (ENABLE_CODEC_SHORTCUT && result instanceof BindingRpcFutureAware) {
        return ((BindingRpcFutureAware) result).getBindingFuture();
    }

    return transformFuture(schemaPath, result, codec.getCodecFactory());
}
```

这就是 RPC 的 BindingBroker 实现的几个关键点，虽然其中一部分的实现代码非常复杂，但理解了这几个关键点，再去读完整的源代码就能准确把握其实现思路了。

7.4　Remote RPC 实现详解

在前面讲解 RPC 调用的主要流程时，提到 RPC 的调用对于 Consumer 来说位置是透明的，即可能是本地调用，又可能是跨节点的远程调用。RPC 方法本地调用流程前面已经介绍过了，下面来了解我在控制器集群中的 RPC 方法远程调用的实现原理。

ODL 集群的基础是 Akka 框架，同样的，Remote RPC 也是基于 Akka 设计的，要实现 RPC 方法的远程调用，需要解决一个核心问题：集群中所有节点上的 RPC 的注册信息需要能够在整个集群中同步共享，也就是集群中的每个节点必须知道所有 RPC 的注册信息，这样才能路由到指定的 RPC 实现。

在前面介绍 RPC 的 DOM 服务接口时，DOMRpcAvailabilityListener 接口是 RPC 注册信息的监听器接口，实现该接口，并通过服务 DOMRpcService 注册实现的监听器，就可以监听到注册和注销的 RPC 信息。在具体实现 Remote RPC 的模块（controller 子项目的 sal-remoterpc-connector）中就实现了该接口，监听器实现如代码清单 7-21 所示。

代码清单 7-21　DOMRpcAvailabilityListener 的实现 RpcListener 代码

```
final class RpcListener implements DOMRpcAvailabilityListener {
    private static final Logger LOG = LoggerFactory.getLogger(RpcListener.class);

    private final ActorRef rpcRegistry;

    RpcListener(final ActorRef rpcRegistry) {
        this.rpcRegistry = requireNonNull(rpcRegistry);
```

```
    }

    @Override
    public void onRpcAvailable(final Collection<DOMRpcIdentifier> rpcs) {
        checkArgument(rpcs != null, "Input Collection of DOMRpcIdentifier can not be null.");
        LOG.debug("Adding registration for [{}]", rpcs);

        rpcRegistry.tell(new AddOrUpdateRoutes(rpcs), ActorRef.noSender());
    }

    @Override
    public void onRpcUnavailable(final Collection<DOMRpcIdentifier> rpcs) {
        checkArgument(rpcs != null, "Input Collection of DOMRpcIdentifier can not be null.");

        LOG.debug("Removing registration for [{}]", rpcs);
        rpcRegistry.tell(new RemoveRoutes(rpcs), ActorRef.noSender());
    }
    @Override
    public boolean acceptsImplementation(final DOMRpcImplementation impl) {
        return !(impl instanceof RemoteRpcImplementation);
    }
}
```

代码清单 7-21 中，当监听到注册 / 注销的 RPC 信息后，是发送到一个进行 Actor（rpcRegistry）处理的，这个 Actor 把监听到的本机注册 / 注销的 RPC 信息发布到整个集群，实现 RPC 注册信息在整个集群中的共享。因此该 Actor 就是 RPC 注册信息能够实现在整个集群中共享的关键。先看一下这个 Actor 的设计图，如图 7-6 所示。

图中 BucketStoreActor 是 RpcRegistry 的父类，该类继承自 Akka 的持久化 Actor，通过数据桶（Bucket）保存了本地和其他节点上注册的 RPC 信息，其采用 Gossip 协议实现 RPC 注册信息在整个集群中的传播和更新。在第 6 章介绍 Akka 时，说到 Akka 的 Cluster 的状态同步就是采用的 Gossip 协议，下面简单介绍下该协议，再看其具体实现。

7.4.1 Gossip 协议的实现

Gossip 是分布式系统中被广泛使用的协议，其主要用于实现分布式节点或者进程之间的信息交换。Gossip 协议是利用一种随机的方式将信息散播到整个网络中，正如 Gossip 本身所具有的含义一样，Gossip 协议的工作流程即类似于绯闻的传播，或者流行病的传播。形象描述该算法的核心思想就是一传十，十传百，最终达到让所有人都知道的目的。

在模块 sal-remoterpc-connector 中，Gossip 的实现采用的定时触发的 push/pull 的通信方式。在每个节点上，Gossiper 这个 Actor 会启动一个定时器，如代码清单 7-22 所示。

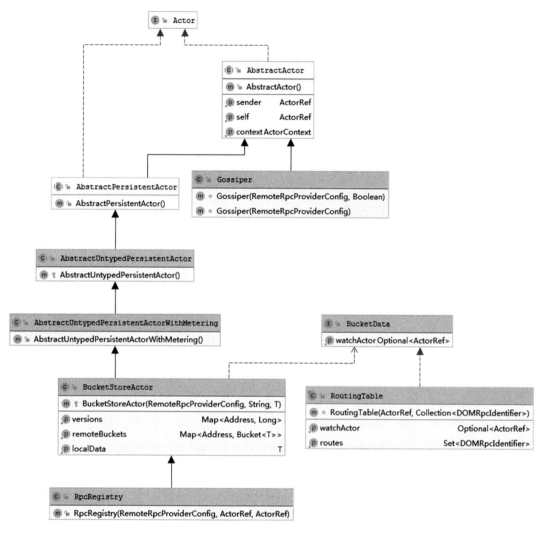

图 7-6　RpcRegistry 设计

代码清单 7-22　Gossip 定时调度（GOSSIP_TICK）

```
gossipTask = getContext().system().scheduler().schedule(
    new FiniteDuration(1, TimeUnit.SECONDS),        //initial delay
    config.getGossipTickInterval(),                 //interval
    getSelf(),                                      //target
    GOSSIP_TICK,                                     //message
    getContext().dispatcher(),                       //execution context
    getSelf()                                       //sender
);
```

Gossiper 每一秒向自己发送一次 GOSSIP_TICK 消息，取出 BucketStoreActor 中本地保

存的所有 Bucket 的版本号并随机发送到一个集群节点，两个节点间通过比较本版本号的新旧确定数据是否需要互相更新，如果有新的数据，则两个节点间就互相同步为新的版本的数据，如果相同，则本次同步结束。这样，进行多同步，就可以达到两个节点间数据的一致，且效率比单独的 pull 或 push 通信模式要高。

如果本节点从其他节点上收到了更新的数据，比如有新注册的 RPC 信息，除了更新 BucketStore 外，还要把其他节点上注册的 RPC 在本节点上再注册一个代理来实现。这是交给另一个 Actor RpcRegistrar 处理的，下节将学习这个 Actor。

7.4.2　远程 RPC 注册及调用

RpcRegistar 这个 Actor 的主要职责是把其他节点上注册的 RPC 在本地进行注册，其实现代码如代码清单 7-23 所示。

代码清单 7-23　RpcRegistrar 源代码

```
final class RpcRegistrar extends AbstractUntypedActor {
    private final Map<Address, DOMRpcImplementationRegistration<?>> regs = new
        HashMap<>();
    private final DOMRpcProviderService rpcProviderService;
......
    @Override
    protected void handleReceive(final Object message) {
        if (message instanceof UpdateRemoteEndpoints) {
            updateRemoteEndpoints(((UpdateRemoteEndpoints) message).getEndpoints());
        } else {
            unknownMessage(message);
        }
    }
    private void updateRemoteEndpoints(final Map<Address, Optional<RemoteRpcEndpoint>>
        endpoints) {
        final Collection<DOMRpcImplementationRegistration<?>> prevRegs = new
            ArrayList<>(endpoints.size());

        for (Entry<Address, Optional<RemoteRpcEndpoint>> e : endpoints.entrySet()) {
            LOG.debug("Updating RPC registrations for {}", e.getKey());

            final DOMRpcImplementationRegistration<?> prevReg;
            final Optional<RemoteRpcEndpoint> maybeEndpoint = e.getValue();
            if (maybeEndpoint.isPresent()) {
                final RemoteRpcEndpoint endpoint = maybeEndpoint.get();
                final RemoteRpcImplementation impl = new RemoteRpcImplementation
                    (endpoint.getRouter(), config);
                prevReg = regs.put(e.getKey(), rpcProviderService.registerRpc
                    Implementation(impl, endpoint.getRpcs()));
```

```
        } else {
            prevReg = regs.remove(e.getKey());
        }

        if (prevReg != null) {
            prevRegs.add(prevReg);
        }
    }

    for (DOMRpcImplementationRegistration<?> r : prevRegs) {
        r.close();
    }
}
}
```

其他节点上注册的 RPC 在本机注册为 RemoteRpcImplementation 的实例，由于前面我们讲 RPC 监听器实现时，对于注册的该类实例，不会进行通知。也就是说当本机注册的 RPC 监听器监听到后会同步到其他节点，其他节点注册的 RPC 也会同步到本机，同时本机会把其他节点上注册的 RPC 也在本机上进行注册，类型为 RemoteRpcImplementation 实例，该实例内保存了远程节点上 rpcInvoker 的信息。其实现代码如代码清单 7-24 所示。

代码清单 7-24　RemoteRpcImplementation 源代码

```
final class RemoteRpcImplementation implements DOMRpcImplementation {
    // 0 for local, 1 for binding, 2 for remote
    private static final long COST = 2;

    private final ActorRef remoteInvoker;
    private final Timeout askDuration;

    RemoteRpcImplementation(final ActorRef remoteInvoker, final RemoteRpcProviderConfig
        config) {
        this.remoteInvoker = requireNonNull(remoteInvoker);
        this.askDuration = config.getAskDuration();
    }

    @Override
    public ListenableFuture<DOMRpcResult> invokeRpc(final DOMRpcIdentifier rpc,
            final NormalizedNode<?, ?> input) {
        final RemoteDOMRpcFuture ret = RemoteDOMRpcFuture.create(rpc.getType().
            getLastComponent());
        ret.completeWith(Patterns.ask(remoteInvoker, ExecuteRpc.from(rpc, input),
            askDuration));
        return ret;
    }

    @Override
```

```
    public long invocationCost() {
        return COST;
    }
}
```

代码清单 7-24 中，COST 值为 2，也就是在注册后，当排序的时候，远程的实现会被排在本地注册的 RPC 实现的后面。且该类中，还有一个成员变量 remoteInvoker，这是远程节点上 RpcInvoker 这个 Actor 的一个地址，RPC 调用的实现 invokeRpc() 方法，就是向这个 Actor 发送一个 ExecuteRpc 消息，远程节点上的 RpcInvoker 这个 Actor 接收到 ExcuteRpc 的消息后，完成本地调用后，便把响应结果返回给调用的节点。代码清单 7-25 就是 RpcInvoker 这个 Actor 的源代码：

代码清单 7-25　RpcInvoker 源代码

```
final class RpcInvoker extends AbstractUntypedActor {
    private final DOMRpcService rpcService;
    protected void handleReceive(final Object message) {
        if (message instanceof ExecuteRpc) {
            executeRpc((ExecuteRpc) message);
        } else {
            unknownMessage(message);
        }
    }
    private void executeRpc(final ExecuteRpc msg) {
        LOG.debug("Executing rpc {}", msg.getRpc());
        final SchemaPath schemaPath = SchemaPath.create(true, msg.getRpc());
        final ActorRef sender = getSender();
        final ActorRef self = self();

        final ListenableFuture<DOMRpcResult> future;
        try {
            future = rpcService.invokeRpc(schemaPath, msg.getInputNormalizedNode());
        } catch (final RuntimeException e) {
            LOG.debug("Failed to invoke RPC {}", msg.getRpc(), e);
            sender.tell(new akka.actor.Status.Failure(e), sender);
            return;
        }
        ........
        sender.tell(new RpcResponse(result.getResult()), self);
        ........
    }
}
```

7.4.3　Actor 设计实现总结

我们看到，RPC 的远程节点上注册信息的同步及调用都是设计的由相互配合的 Actor

来实现的。接下来再看一下该模块中所有的 Actor 的设计以及他们之间的关系。由于 Akka 中的 Actor 都是分层创建并监控的，因此 sal-remoterpc-connector 模块也设计了一个 supervisor 角色的 Actor，即 RpcManager。这个 Actor 创建并监督了 RpcRegistry、RpcReistar、RpcInvoker 这 3 个 Actor，RpcRegistry 创建了 Gossiper 这个 Actor。下面就是以上几个 Actor 的层次设计。

```
RpcManager
    -RpcRegistrar(BucketStoreActor)
    -RpcInvoker
    -RpcRegistry
        -Gossiper
```

RpcManager 这个 Actor 是通过 blueprint 配置创建 RemoteRpcProvider 的实例来完成创建及初始化的，代码实现非常简单，读者学习了解配置及源代码就能很清楚了。

7.5　本章小结

本章讲解了 MD-SAL RPC 的设计与实现原理，从 RPC 的接口设计中，了解到其调用和返回是被封装为 Future 异步机制。当在调用或者实现 RPC 时，也要遵循一个原则：能够异步的地方就不要使用同步。这能保证整个系统的高性能并发的运转。

对于应用开发者而言，RPC 的注册与获取现在都可以通过 Blueprint 配置搞定，使用起来更加方便简洁。ODL 中对 Blueprint 的实现，留待后续章节介绍，在第 8 章将介绍下 MD-SAL Notification 的设计与实现。

MD-SAL Notification 的设计与实现

MD-SAL Notification 是一种发布 / 订阅（Publish/Subscribe）模式的消息机制，消息由发布者发布，由订阅者接收，从而实现不同模块间的交互功能。相较于 RPC，Notification 是一种更加松耦合的交互机制，发布者不需要关注谁是订阅者，订阅者也不需要知道是谁发布的。MD-SAL Notification 作为 ODL 平台提供的 3 种基础服务之一，应用非常广泛。

本章还是从一个实例入手，了解一下 Notification 的 YANG 模型定义和 Notification 的订阅以及发布的简单实现，进而再详细介绍下 MD-SAL Notification 的接口设计与实现原理。

8.1 一个实例

8.1.1 YANG 模型定义

用 YANG 语言定义 notification 比定义 rpc 还要简单，定义使用关键词 notification，后面跟着一个名称，然后大括号内遵循 YANG 的数据定义的语法定义消息体。代码清单 8-1 是 notification 定义的例子，这个 YANG 模型是在第 7 章的 YANG 文件基础上增加了两个 notification 的定义。

代码清单 8-1 Notification 的 YANG 定义

```
module kitchen {
......
    notification toasterOutOfBread {
```

```
        description
            "Indicates that the toaster has run of out bread.";
    }

    notification toasterRestocked {
        leaf amountOfBread {
            type uint32;
            description
                "Indicates the amount of bread that was re-stocked";
        }
    }
}
```

在这个 YANG 模型的例子中，定义了两个 notification——toasterOutOfBread 和 toaster-Restocked。从这个例子可以看出，定义一个 notification 是比较简单的。notification 的 YANG 定义可以仅包括一个名称，也即空的消息体。当然，消息体也可以根据要求包含数据字段的定义。

8.1.2　生成的接口

依据上面模型中 notification 的定义，YangTools 会在 target/generated-sources/mdsal-binding 目录下生成接口 KitchenListener 来显示，该接口继承自 NotificationListener，其中定义了对应 YANG 模型文件中的两个 notification 的处理方法，生成的具体代码如代码清单 8-2 所示。

代码清单 8-2　生成的 KitchenListener 接口

```
public interface KitchenListener extends NotificationListener
{
    void onToasterOutOfBread(ToasterOutOfBread notification);
    void onToasterRestocked(ToasterRestocked notification);
}
```

这两个处理方法的入参，就是根据 YANG 模型中那两个 notification 定义生成的消息接口 ToasterOutOfBread 及 ToasterRestocked。还同时生成了构建这两个消息接口实例的 Builder 类 ToasterOutOfBreadBuilder 和 ToasterRestockedBuilder。

8.1.3　消息发布

发布消息的 Binding 服务接口是 NotificationNotificationPublishService，而发布 Notification 的示例代码如代码清单 8-3 所示。

代码清单 8-3　发布 Notification 代码

```
public void publish(NotificationPublishService publishService) {
```

```
ToasterRestockedBuilder builder = new ToasterRestockedBuilder();
builder.setAmountOfBread(100L);
try {
    publishService.putNotification(builder.build());
} catch (InterruptedException e) {
    LOG.warn("publish notification error,",e);
}
}
```

8.1.4　消息订阅

要订阅例子中定义的 notification，首先要实现 KitchenListener 这个接口，实现这个接口的示例代码如代码清单 8-4 所示。

代码清单 8-4　KitchenListener 接口的实现

```
public class KitchenNotificationProcess implements KitchenListener {
    @Override
    public void onToasterOutOfBread(ToasterOutOfBread notification) {
        System.out.println(notification);
    }
    @Override
    public void onToasterRestocked(ToasterRestocked notification) {
        System.out.println(notification);
    }
}
```

然后创建该实现类的对象实例，调用 NotificationService 服务的 registerNotificationListener()
方法注册该监听器。所谓注册该监听器其实就是订阅接口中定义的两个 notification，注册
监听的代码示例如代码清单 8-5 所示。

代码清单 8-5　生成的 KitchenListener 接口

```
public void regist(NotificationService notificationService) {
    KitchenNotificationProcess listener = new KitchenNotificationProcess();
    notificationService.registerNotificationListener(listener);
}
```

以上就是定义 Notification 的 YANG 模型，通过调用 ODL 提供的服务来实现 Notification
的发布和订阅的简单过程和示例代码，整个过程和实现代码都并不算复杂。

8.2　MD-SAL Notification 接口设计

MD-SAL Notification 机制就是发布 – 订阅模式的实现，发布和订阅是该模式最核心的功

能，因此，MD-SAL Notification 的接口设计就是定义出消息发布 / 订阅的方法。Notification 服务接口仍然分为 DOM 和 Binding 两类，在 controller 子项目和 mdsal 子项目中都有其定义，下面以 mdsal 子项目中的定义来介绍。

8.2.1　DOM 接口

DOMNotificationPublishService 就是 MD-SAL 中定义的消息发布的 DOM 接口，该接口源代码如代码清单 8-6 所示。

代码清单 8-6　发布接口

```
public interface DOMNotificationPublishService extends DOMService {
    @NonNull ListenableFuture<? extends Object> putNotification(@NonNull
        DOMNotification notification) throws InterruptedException;

    @NonNull ListenableFuture<? extends Object> offerNotification(@NonNull
        DOMNotification notification);

    @NonNull ListenableFuture<? extends Object> offerNotification(@NonNull
        DOMNotification notification, @Nonnegative long timeout, @NonNull
        TimeUnit unit) throws InterruptedException;
}
```

这个接口定义了三个发布消息的方法，分别是 putNotification(@NonNull DOMNotification notification)、offerNotification(@NonNull DOMNotification notification) 和 offerNotification (@NonNull DOMNotification notification, @Nonnegative long timeout, @NonNull TimeUnit unit)。定义这 3 个方法的主要目的是区别当发布消息时，保存消息的队列满的情况下的不同处理方式。调用方法 putNotification() 时，如果队列已满，则会一直等待直到队列有空间，完成消息发布并返回成功地结果。调用第二个方法时，如果队列满，则直接返回给调用者 REJECTED 的结果，不等待；第 3 个方法相较第二个方法增加了一个等待的超时时间，也就是调用第三个方法时，处理逻辑是如果队列已满，则等待直到超时时间，如果队列仍无空闲，则返回给调用者 REJECTED 的结果。当发布消息时，如果队列有空间，3 个方法都返回 Future，发布成功后，可以通过 Future 得到发布成功地结果。另外，有一点需要注意，就是调用第一个方法（putNotification）时，对返回的 Future 执行 get 操作的话，调用的线程会被一直阻塞直到发布成功（或者抛出异常）为止。调用其他两个方法就不会导致调用线程一直阻塞，但需要处理发布被 REJECTED 的情况。

发布消息的方法中，入参类型为 DOMNotification，该接口定义如代码清单 8-7 所示。

代码清单 8-7　　DOMNotification 接口

```
public interface DOMNotification {
    @NonNull SchemaPath getType();
    @NonNull ContainerNode getBody();
}
```

该接口表示我们通过 YANG 语言定义的 notification，getType() 返回的可认为就是 notification 的名称，getBody() 方法返回的就是消息体。要订阅并处理某个消息，是通过实现 DOMNotificationListener 接口并注册该实现实例达到的。DOMNotificationListener 接口的定义如代码清单 8-8 所示。

代码清单 8-8　　DOMNotificationListener 接口

```
public interface DOMNotificationListener extends EventListener {
    void onNotification(@NonNull DOMNotification notification);
}
```

DOMNotificationListener 接口就定义了一个方法，即收到订阅的消息的处理方法。该方法会在匹配到订阅的消息类型时被回调。

注册 DOMNotificationListener 实例的服务接口为 DOMNotificationService，如代码清单 8-9 所示。

代码清单 8-9　　订阅接口

```
public interface DOMNotificationService extends DOMService {
    <T extends DOMNotificationListener> ListenerRegistration<T>
        registerNotificationListener(@NonNull T listener, @NonNull Collection<SchemaPath>
            types);
    <T extends DOMNotificationListener> ListenerRegistration<T>
        registerNotificationListener(@NonNull T listener, SchemaPath... types);
}
```

这个接口中定义的方法无须多做解释，但有一点要注意，就是对于一个 DOMNotification-Listener 实例，如果调用了多次注册方法进行注册的话，那就会收到多次订阅的消息。

8.2.2　Binding 接口

MD-SAL Notification 的 Binding 服务接口的设计除了与 DOM 服务接口的入参类型有区别，含义上基本上一致，也是围绕着发布和订阅这两个功能设计的。

发布 Notification 的 Binding 服务接口 NotificationPublishService，源码如代码清单 8-10 所示。

代码清单 8-10　发布接口

```
public interface NotificationPublishService extends BindingService {
    void putNotification(@NonNull Notification notification) throws Interrupted
        Exception;
    @NonNull ListenableFuture<? extends Object> offerNotification(@NonNull Notification
        notification);
    @NonNull ListenableFuture<? extends Object> offerNotification(@NonNull Notification
        notification,
        int timeout, @NonNull TimeUnit unit) throws InterruptedException;
}
```

该接口中定义的 3 个方法与对应的 DOM 接口中定义的方法含义一致，不再赘述。

订阅 Notification 的服务接口为 NotificationService，源码代码清单 8-11 所示。

代码清单 8-11　订阅接口

```
public interface NotificationService extends BindingService {
    <T extends NotificationListener> @NonNull ListenerRegistration<T> registerNotification
        Listener(@NonNull T listener);
}
```

该接口中只定义了一个方法，入参类型为 NotificationListener 的子类，也就是上面例子中类似 YangTools 生成的 KitchenListener 接口。我们已经看到，KitchenListener 接口定义了两个消息处理的方法分别处理 YANG 中定义的两个 notification。因此，注册这个监听器实例，也就是同时订阅了这个 YANG 的 module 定义的所有的 notification。

8.3　MD-SAL Notification 实现剖析

8.3.1　DOM 层实现详解

对于发布 – 订阅模式，很容易想到可以使用消息队列来实现，最简单的实现逻辑就是发布者把需要发布的消息插入队列，订阅者从队列里取出自己关注的消息来进行处理。考虑到下面几个因素，设计这样一个队列其实并不容易。首先必须要考虑多线程访问队列时的安全性问题，因为发布 – 订阅模式一般包括多个发布者对多个订阅者，发布者和订阅者一般不属于同一个线程，要保证队列访问的安全性，一般可以通过锁机制来实现，但加锁通常又会严重地影响性能。其次，发布者插入到队列的消息如果来不及被订阅者取走，就会导致队列内的消息越来越多，如果队列是无界的，就会最终导致内存的溢出，如果队列是有界的，就需要考虑队列满时的处理。最后，要能保证消息消费的一致性，比如先发布的消息先处理，一条消息仅被处理一次等问题。其实，ODL 在实现 MD-SAL Notification 机制时，并没有完全自行设计实现，而是依赖 Disruptor 这个高效的第三方消息组件实现的。接下来我们了解 Disruptor 是如何考虑解决这些问题的，ODL 又是如何基于 Disruptor 实现的 Notification 的发布和订阅的。

1. Disruptor 介绍

Disruptor 是一个由 LMAX 开源的用于在线程间通信的高效低延时的消息组件，它像个增强的队列，但比 Java 标准库的队列能做的更多更强。Disruptor 通过以下设计来解决上面所提到的问题：

❑ 环形数组结构 -Ring Buffer

Ring Buffer 是一个环形的缓冲区。为了避免垃圾回收，不删除 buffer 中的数据，也就是说这些数据一直存放在 buffer 中，直到新的数据覆盖他们。Ring Buffer 采用的是数组而非链表实现，是因为数组对处理器的缓存机制更加友好。

❑ 元素序号及位置定位

数组长度 2^n，这样通过位运算代替求余的运算，加快了元素定位的速度。

通过顺序递增的序号（Sequence）来编号管理其进行交换的数据（消息、事件)，对数据（消息、事件）的处理过程总是沿着序号逐个递增处理，不用担心序号溢出的问题，由于序号是 long 类型，即使 100 万 QPS 的处理速度，也需要 30 万年才能用完。通常用一个 Sequence 表示跟踪标识某个特定的事件处理者（ RingBuffer/Consumer ）的处理进度，同时定义 Sequence 来负责该问题还有另一个目的，那就是防止不同的 Sequence 之间的 CPU 缓存伪共享（Flase Sharing）问题，防止伪共享问题可以极大地提升性能。

❑ 无锁设计

每个生产或消费者线程，都会先申请可以操作的元素在数组中的位置，申请到之后，直接在该位置写入或者读取数据。

❑ Wait Strategy

发布者和订阅者都可能出现速度过快，追上对方的情况，这个时候就需要等待了，等待过程中也会有不同的策略。主要策略包括：

❑ BlockingWaitStrategy：使用锁和条件变量，使 CPU 资源的占用少，延迟大。

❑ SleepingWaitStrategy ：在多次循环尝试不成功后，选择让出 CPU，等待下次调度，多次调度后仍不成功后，尝试先睡眠一个纳秒级别的时间再尝试。这种策略平衡了延迟和 CPU 资源占用的问题，但延迟不均匀。

❑ YieldingWaitStrategy：在多次循环尝试不成功后，选择让出 CPU，等待下次调度。平衡了延迟和 CPU 资源占用，但延迟也比较均匀。

❑ PhasedBackoffWaitStrategy：上面多种策略的综合，CPU 资源的占用少，延迟大。

2. Disruptor 初始化

DOMNotificationRouter 类是 DOMNotificationPublishService 接口和 DOMNotificationService 接口的实现类，该类中包括了 Disruptor 的初始化过程。该类是通过 blueprint 配置创建的实例，配置如代码清单 8-12 所示。

代码清单 8-12　blueprint 配置

```
<bean id="domNotificationRouter" class="org.opendaylight.mdsal.dom.broker.
    DOMNotificationRouter"
            factory-method="create">
        <argument value="${notification-queue-depth}"/>
        <argument value="${notification-queue-spin}"/>
        <argument value="${notification-queue-park}"/>
        <argument value="MILLISECONDS"/>
</bean>
```

DOMNotificationRouter 的初始化需传入 3 个参数，作为 Disruptor 的初始化配置，这 3 个配置参数可以通过配置文件 org.opendaylight.mdsal.dom.notification.cfg 修改。第一个参数 notification-queue-depth 是配置环形队列的长度，必须为 2 的幂次方，默认是 65536。第二个配置参数 notification-queue-spin 配置等待策略中的 xxx 超时时间。第 3 个配置参数 notification-queue-park 配置 xxx 的时间，时间的单位默认为毫秒。代码清单 8-13 是 DOMNotificationRouter 的构造方法，其中包含了 Disruptor 初始化的代码。

代码清单 8-13　DOMNotificationRouter 创建代码

```
DOMNotificationRouter(final int queueDepth, final WaitStrategy strategy) {
    observer = new ScheduledThreadPoolExecutor(1,
        new ThreadFactoryBuilder().setDaemon(true).setNameFormat("DOMNotification
            Router-observer-%d").build());
    executor = Executors.newCachedThreadPool(
        new ThreadFactoryBuilder().setDaemon(true).setNameFormat("DOMNotification
            Router-listeners-%d").build());
    disruptor = new Disruptor<>(DOMNotificationRouterEvent.FACTORY, queueDepth,
            new ThreadFactoryBuilder().setNameFormat("DOMNotificationRouter-
                disruptor-%d").build(),
            ProducerType.MULTI, strategy);
    disruptor.handleEventsWith(DISPATCH_NOTIFICATIONS);
    disruptor.after(DISPATCH_NOTIFICATIONS).handleEventsWith(NOTIFY_FUTURE);
```

```
        disruptor.start();
    }

    public static DOMNotificationRouter create(final int queueDepth, final long
        spinTime, final long parkTime,
            final TimeUnit unit) {
        checkArgument(Long.lowestOneBit(queueDepth) == Long.highestOneBit(queueDepth),
                "Queue depth %s is not power-of-two", queueDepth);
        return new DOMNotificationRouter(queueDepth, PhasedBackoffWaitStrategy.
            withLock(spinTime, parkTime, unit));
    }
```

代码清单 8-13 中，可以看到 Disruptor 初始化后，设置的等待策略为 PhasedBackoff-WaitStrategy，至于参数 spinTime 与 parkTime（yieldTimeout）含义，可以看一下该策略的源码中的构造方法及处理逻辑，如代码清单 8-14 所示。

代码清单 8-14　PhasedBackoffWaitStrategy 的等待逻辑

```
public PhasedBackoffWaitStrategy(long spinTimeout, long yieldTimeout, TimeUnit
    units, WaitStrategy fallbackStrategy) {
    this.spinTimeoutNanos = units.toNanos(spinTimeout);
    this.yieldTimeoutNanos = this.spinTimeoutNanos + units.toNanos(yieldTimeout);
    this.fallbackStrategy = fallbackStrategy;
}

public static PhasedBackoffWaitStrategy withLock(long spinTimeout, long yieldTimeout,
    TimeUnit units) {
    return new PhasedBackoffWaitStrategy(spinTimeout, yieldTimeout, units, new
        BlockingWaitStrategy());
}

public long waitFor(long sequence, Sequence cursor, Sequence dependentSequence,
    SequenceBarrier barrier) throws AlertException, InterruptedException,
    TimeoutException {
    long startTime = 0L;
    int counter = 10000;

    long availableSequence;
    while((availableSequence = dependentSequence.get()) < sequence) {
        --counter;
        if (0 == counter) {
            if (0L == startTime) {
                startTime = System.nanoTime();
            } else {
                long timeDelta = System.nanoTime() - startTime;
                if (timeDelta > this.yieldTimeoutNanos) {
                    return this.fallbackStrategy.waitFor(sequence, cursor, dependentSequence,
                        barrier);
```

```
        }

        if (timeDelta > this.spinTimeoutNanos) {
            Thread.yield();
        }
    }

    counter = 10000;
  }
}

return availableSequence;
}
```

从代码清单 8-14 中，可以看到其处理逻辑是先循环若干次查询（10000 的倍数次数），看队列中是否有更新的未处理的消息，如果没有新的未处理消息且循环时间已超过 spinTimeoutNanos（即上面配置的 notification-queue-spin），则会调用 Thread.yield() 方法。在 Java 中，Thread.yield() 的作用是让出本次的 CPU 执行机会。它能让当前线程由"运行状态"进入到"就绪状态"，从而让其他具有相同优先级的等待线程获取执行权。但是，这并不能保证在当前线程调用 yield() 之后，其他具有相同优先级的线程就一定能获得执行权，也有可能是当前线程又进入到"运行状态"继续运行。如果循环时间已超过 yieldTimeoutNanos（即上面配置的 notification-queue-spin + notification-queue-park），则把等待策略切换为 BlockingWaitStrategy。

3. 消息订阅的实现

消息的订阅就是注册 Notification 的监听器，注册的信息保存在一个 Multimap 中，Multimap 是 Guava 库中提供的一个集合类，允许同一 key 保存多条记录的 Map。下面是监听器的集合的定义及注册监听器的逻辑实现代码，如代码清单 8-15 所示。

代码清单 8-15　订阅实现

```
private volatile Multimap<SchemaPath, ListenerRegistration<? extends DOMNotification
    Listener>> listeners = ImmutableMultimap.of();
......
public synchronized <T extends DOMNotificationListener> ListenerRegistration<T>
    registerNotificationListener(
        final T listener, final Collection<SchemaPath> types) {
    final ListenerRegistration<T> reg = new AbstractListenerRegistration<T>(listener) {
        @Override
        protected void removeRegistration() {
            synchronized (DOMNotificationRouter.this) {
                replaceListeners(ImmutableMultimap.copyOf(Multimaps.filter Values
                    (listeners, input -> input != this)));
```

```
            }
        }
    };

    if (!types.isEmpty()) {
        final Builder<SchemaPath, ListenerRegistration<? extends DOMNotification
            Listener>> b =
                ImmutableMultimap.builder();
        b.putAll(listeners);

        for (final SchemaPath t : types) {
            b.put(t, reg);
        }

        replaceListeners(b.build());
    }

    return reg;
}

private void replaceListeners(
        final Multimap<SchemaPath, ListenerRegistration<? extends DOMNotification
            Listener>> newListeners) {
    listeners = newListeners;
    notifyListenerTypesChanged(newListeners.keySet());
}
```

代码清单 8-15 中，定义 Multimap 变量 listeners 时，使用了 volatile 关键词。Java 中当把变量声明为 volatile 类型后，编译器与运行时都会注意到这个变量是共享的，volatile 变量不会被缓存在寄存器或者对其他处理器不可见的地方，因此在读取 volatile 类型的变量时总会返回最新写入的值。另外，对于注册方法 registerNotificationListener 是通过关键词 synchronized 来保证该方法同一时刻只能在一个线程中被调用，即多个线程也只能执行串行调用，来保证数据集合的安全。

4. 消息发布的实现

消息的发布是借助于 Disruptor 实现的，我们要先定义 Event 及 EventFactory，因为 Disruptor 要通过 EventFactory 在 RingBuffer 中预创建 Event 的实例。代码清单 8-16 就是 DOMNotificationEvent 类的具体实现代码。

代码清单 8-16 DOMNotificationEvent

```
final class DOMNotificationRouterEvent {
    static final EventFactory<DOMNotificationRouterEvent> FACTORY = DOMNotificat
        ionRouterEvent::new;
```

```
    private Collection<ListenerRegistration<? extends DOMNotificationListener>>
        subscribers;
    private DOMNotification notification;
    private SettableFuture<Void> future;

    private DOMNotificationRouterEvent() {
        // Hidden on purpose, initialized in initialize()
    }

    @SuppressWarnings("checkstyle:hiddenField")
    ListenableFuture<Void> initialize(final DOMNotification notification,
            final Collection<ListenerRegistration<? extends DOMNotificationListener>>
                subscribers) {
        this.notification = requireNonNull(notification);
        this.subscribers = requireNonNull(subscribers);
        this.future = SettableFuture.create();
        return this.future;
    }

    void deliverNotification() {
        for (ListenerRegistration<? extends DOMNotificationListener> r : subscribers) {
            final DOMNotificationListener l = r.getInstance();
            if (l != null) {
                l.onNotification(notification);
            }
        }
    }

    void setFuture() {
        future.set(null);
    }
}
```

从 Disruptor 的初始化代码里，可以看到下面两句

```
disruptor.handleEventsWith(DISPATCH_NOTIFICATIONS);
disruptor.after(DISPATCH_NOTIFICATIONS).handleEventsWith(NOTIFY_FUTURE);
```

其中，DISPATCH_NOTIFICATIONS 和 NOTIFY_FUTURE 是通过 Lambda 表达式定义的 EventHandler 接口的实现，实现 EventHandler 接口即定义了消息处理的具体实现，这两个 Lambda 表达式中引用的方法都来自于 DOMNotificationRouterEvent 类中定义的方法，NOTIFY_FUTURE 和 DISPATCH_NOTIFICATIONS 声明如下：

```
private static final EventHandler<DOMNotificationRouterEvent> DISPATCH_NOTIFICATIONS =
    (event, sequence, endOfBatch) -> event.deliverNotification();
private static final EventHandler<DOMNotificationRouterEvent> NOTIFY_FUTURE =
    (event, sequence, endOfBatch) -> event.setFuture();
```

> 📷 **注意**　这里 DISPATCH_NOTIFICATIONS 也即 deliverNotification() 的实现中有一个问题，就是在消息处理的回调 onNotification(notification) 过程中如果抛出异常，就会导致 Disruptor 调度线程挂掉，在 Lithium 版本后，社区已经通过捕获消息处理时可能抛出的异常来避免该问题的发生，但在最新的代码中，捕获异常的处理删掉了，Disruptor 调度线程挂掉的问题还是有可能出现。

最后，来看一下通过 Disruptor 发布消息的具体实现代码。使用 Disruptor 发布消息，首先需要获取一个空闲的序号，然后封装或者设置所发布的消息的值，最后将消息提交到 Ring Buffer，类似于一个两阶段提交过程。前面介绍发布消息的接口时，我们知道发布接口中定义了 3 个发布消息的方法，通过代码清单 8-17 来看看 putNotification() 的实现代码。

代码清单 8-17　putNotification() 方法的实现

```
@Override
public ListenableFuture<? extends Object> putNotification(final DOMNotification
    notification)
        throws InterruptedException {
    final Collection<ListenerRegistration<? extends DOMNotificationListener>>
        subscribers =
            listeners.get(notification.getType());
    if (subscribers.isEmpty()) {
        return NO_LISTENERS;
    }

    final long seq = disruptor.getRingBuffer().next();
    return publish(seq, notification, subscribers);
}

private ListenableFuture<Void> publish(final long seq, final DOMNotification
    notification,
        final Collection<ListenerRegistration<? extends DOMNotificationListener>>
            subscribers) {
    final DOMNotificationRouterEvent event = disruptor.get(seq);
    final ListenableFuture<Void> future = event.initialize(notification, subscribers);
    disruptor.getRingBuffer().publish(seq);
    return future;
}
```

putNotification() 方法是先查询是否已有注册的对应该消息类型的监听器，如果没有，直接返回，如果有注册的监听器，则获取消息序号，然后调用封装的 publish() 方法发布消息。publish() 方法中，会先获取到对应序号的 Event，然后根据 notification 消息和订阅者初始化该 Event，最后发布到 RingBuffer，并返回一个 future。发布到 RingBuffer 的 Event

会按照 DISPATCH_NOTIFICATIONS（也即 deliverNotification() 方法）进行调度处理，处理结束后，调用 NOTIFY_FUTURE（也即 setFuture() 方法）对 future 赋值。

发布消息的 offerNotification（final DOMNotification notification）方法的实现与上面实现的代码不同在于不是调用 disruptor.getRingBuffer().next() 方法，而是调用的 disruptor.getRingBuffer().tryNext() 方法。tryNext() 方法相较于 next() 方法，不会阻塞等待，而是直接判断 RingBuffer 容量是否还有空闲，如果没有，则直接抛出异常。到捕获到异常时，直接返回 REJECTED。

发布消息的 offerNotification(final DOMNotification notification、final long timeout、final TimeUnit unit) 方法与 offerNotification（final DOMNotification notification）方法处理逻辑前半部分都一致，只是在 RingBuffer 容量满的情况下，不会直接返回 REJECTED，而是再调用 putNotification() 方法发布消息，但在当前的发布线程设置了一个超时中断处理。处理逻辑见代码清单 8-18 的这段代码：

代码清单 8-18　offerNotification() 超时判断逻辑

```
try {
    final Thread publishThread = Thread.currentThread();
    ScheduledFuture<?> timerTask = observer.schedule(publishThread::interrupt,
        timeout, unit);
    final ListenableFuture<?> withBlock = putNotification(notification);
    timerTask.cancel(true);
    if (observer.getQueue().size() > 50) {
        observer.purge();
    }
    return withBlock;
} catch (InterruptedException e) {
    return DOMNotificationPublishService.REJECTED;
}
```

8.3.2　Binding 适配实现

MD-SAL Notification 的 Binding 服务接口的实现逻辑上比较简单与直接，需要结合子项目 mdsal 中的源码做一个简要说明，其实现代码也是在 mdsal-binding-dom-adapter 模块中。

1. 订阅接口适配

订阅方法也即是消息监听器的注册的适配实现，核心逻辑是创建监听器的适配对象，解析出 Binding 类型的监听器中可处理的所有的消息类型，最后调用 DOMNotificationService 方法完成注册，代码如代码清单 8-19 所示。

代码清单 8-19　Notification 订阅适配代码

```
public <T extends NotificationListener> ListenerRegistration<T> registerNotifica
    tionListener(final T listener) {
    final BindingDOMNotificationListenerAdapter domListener
        = new BindingDOMNotificationListenerAdapter(codec, listener);
    final ListenerRegistration<BindingDOMNotificationListenerAdapter> domRegistration =
            domNotifService.registerNotificationListener(domListener, domListener.
                getSupportedNotifications());
    return new ListenerRegistrationImpl<>(listener, domRegistration);
}
```

2. 监听器实现适配

从 NotificationListener 到 DOMNotificationListener 的适配，主要逻辑是数据类型的转换和消息处理方法的封装。最后，则是通过反射机制调用 NotificationListener 类型的监听器中定义的消息处理方法，代码清单 8-20 是监听器适配器的主体实现逻辑的代码。

代码清单 8-20　监听器适配代码

```
class BindingDOMNotificationListenerAdapter implements DOMNotificationListener {
    private final BindingNormalizedNodeSerializer codec;
    private final NotificationListener delegate;
    private final ImmutableMap<SchemaPath, NotificationListenerInvoker> invokers;

    BindingDOMNotificationListenerAdapter(final BindingNormalizedNodeSerializer codec,
            final NotificationListener delegate) {
        this.codec = codec;
        this.delegate = delegate;
        this.invokers = createInvokerMapFor(delegate.getClass());
    }

    @Override
    public void onNotification(final DOMNotification notification) {
        final Notification baNotification = deserialize(notification);
        final QName notificationQName = notification.getType().getLastComponent();
        getInvoker(notification.getType()).invokeNotification(delegate, notificationQName,
            baNotification);
    }
......
}
```

这段代码并没有包括怎么解析并封装 NotificationListenerInvoker 方法，想了解的读者可以自行查看 ODL 社区的 mdsal 子项目的源码。

3. 发布接口适配

发布消息的方法的适配基本上主要逻辑就是数据类型转换，见代码清单 8-21。

代码清单 8-21　　Notification 发布适配代码

```
@Override
public void putNotification(final Notification notification) throws InterruptedException {
    getDelegate().putNotification(toDomNotification(notification));
}


@Override
public ListenableFuture<? extends Object> offerNotification(final Notification
    notification) {
    ListenableFuture<?> offerResult = getDelegate().offerNotification(toDomN
        otification(notification));
    return DOMNotificationPublishService.REJECTED.equals(offerResult)
        ? NotificationPublishService.REJECTED
        : offerResult;
}


@Override
public ListenableFuture<? extends Object> offerNotification(final Notification
    notification, final int timeout, final TimeUnit unit) throws InterruptedException {
    ListenableFuture<?> offerResult = getDelegate().offerNotification(toDomN
        otification(notification), timeout, unit);
    return DOMNotificationPublishService.REJECTED.equals(offerResult)
        ? NotificationPublishService.REJECTED
        : offerResult;
}
```

8.4　本章小结

MD-SAL Notification 的服务接口定义与实现相对来说都是比较简单的，使用也不复杂。Notification 机制完全是依赖 Disruptor 这个第三方组件实现的，网上有大量的 Disruptor 的相关介绍文档，想了解的读者可以自行上网检索。当然，ODL 并没有使用 Disruptor 提供的所有功能，比如消息的优先级、消息的组合处理等。因此，在社区的实现上还是有一定的优化提升的空间。

还有一点要注意，就是当前 MD-SAL Notification 还不支持集群环境下的跨节点的消息投递，社区虽有人提了一些初步的实现设想和方案思路，但仍未有具体的实现。

MD-SAL Mount 机制与 NETCONF

Mount，英文是安装、嵌入的意思。在 IT 领域的 Mount 的概念来自于 Linux mount 命令，Linux 中的根目录以外的文件想要被访问，需要将其"关联"到根目录下的某个目录来实现，这种关联操作就是 Mount，这个目录就是 Mount-point。Windows 系统下挂载文件到一个虚拟盘或一个虚拟文件夹中，通过访问这个虚拟盘或文件夹来使用整个文件也可以看作是 Mount 的概念。上述说明有助于读者更好的理解 ODL 中 Mount 的概念。在 ODL 中，Mount 是指挂载支持 YANG 模型的系统（网络设备或控制器）到 ODL 中，让控制器可以直接观察到挂载系统的 YANG 模型，然后就可以通过 ODL 平台提供的通用服务接口（DataStore、RPC、Notification）来与挂载系统直接会话，这就省略了在 ODL 控制器上再次对支持 YANG 模型的系统进行建模的工作，对用户来说，易用性也得到巨大的提高。

本章先会介绍 MD-SAL Mount 服务接口的设计及实现，最后再简单介绍下 ODL 社区是如何利用 Mount 机制来实现 NETCONF 南向协议插件的。

9.1 Mount 服务接口设计

ODL 是由 YANG 模型驱动的，在开发者眼中 ODL 中的 YANG 模型就是一棵逻辑数据树。挂载了一个支持 YANG 模型的外部系统到 ODL 中，类似于在这棵逻辑数据树上再增加枝叶，即把支持 YANG 模型的外部系统也"关联"到这棵树的某个路径下。这样，被挂载的系统就看起来像 ODL 的一部分，可以通过 ODL 的基础服务接口对挂载的系统进行访问和操作。

Mount 服务接口的设计也分 DOM 接口和 Binding 接口，定义都比较简单，主要定义了在数据树的某个路径下创建并注册挂载点和获取挂载点的方法。

9.1.1　DOM 接口

先来看一下挂载点的 DOM 接口 DOMMountPoint 的设计，如代码清单 9-1 所示。

代码清单 9-1　DOMMountPoint.java

```
public interface DOMMountPoint extends Identifiable<YangInstanceIdentifier> {
    <T extends DOMService> Optional<T> getService(Class<T> cls);
    SchemaContext getSchemaContext();
}
```

DOMMountPoint 接口定义了在挂载点获取服务的 getService() 方法以及获取 YANG 的 Schema 的 getSchemaContext() 方法。

DOMMountPoint 的创建、构造和注册的 DOM 接口是 DOMMountPointService，该接口的定义如代码清单 9-2 所示。

代码清单 9-2　DOMMountPointService.java

```
public interface DOMMountPointService extends DOMService {
    Optional<DOMMountPoint> getMountPoint(YangInstanceIdentifier path);
    DOMMountPointBuilder createMountPoint(YangInstanceIdentifier path);
    ListenerRegistration<DOMMountPointListener> registerProvisionListener(DOMMount
PointListener listener);

    interface DOMMountPointBuilder {

        <T extends DOMService> DOMMountPointBuilder addService(Class<T> type,T impl);
        DOMMountPointBuilder addInitialSchemaContext(SchemaContext ctx);
        ObjectRegistration<DOMMountPoint> register();
    }
}
```

该接口中定义的主要方法是创建 DOMMountPoint 的 createMountPoint () 方法和获取 DOMMountPoint 的 getMountPoint() 方法，这两个方法的入参都是 YangInstanceIdentifier，也就是挂载点的路径。在代码清单 9-2 中还定义了一个内部接口 DOMMountPointBuilder 用以构造挂载点。一般的，创建挂载点分为两个步骤，首先调用 DOMMountPointService 的 createMountPoint() 方法返回 MountPointBuilder，然后调用该 Builder 的 addService() 方法注册在该挂载点可提供的服务（RPC、Notification、DataStore），并调用 addInitialSchemaContext()

方法设置该挂载点的 Yang 模型 Schema，最后调用 register 方法，完成挂载点的创建注册。

关于监听挂载点的注册 / 注销，其实现可以通过接口 DOMMountPointListener，并调用 DOMMountPointService 定义的 registerProvisionListener() 方法来注册该接口的实例，就可以监听挂载点的注册和注销了。代码清单 9-3 是 DOMMountPointListener 接口的代码。

代码清单 9-3　DOMMountPointListener.java

```java
public interface DOMMountPointListener extends EventListener {
    void onMountPointCreated(YangInstanceIdentifier path);
    void onMountPointRemoved(YangInstanceIdentifier path);
}
```

以上就是与 Mount 相关的所有 DOM 接口，这些接口的设计及接口间关系如图 9-1 所示。

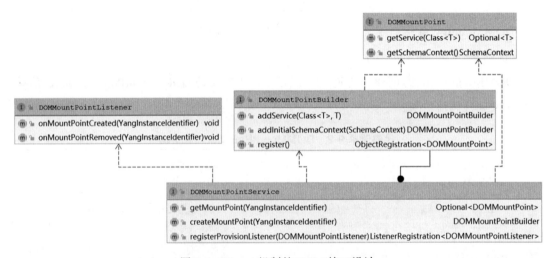

图 9-1　Mount 机制的 DOM 接口设计

9.1.2　Binding 接口

Mount 相关的 Binding 接口更简单，只需要查看如下两个接口的源代码和设计图，就能清楚了解了。代码清单 9-4 和代码清单 9-5 是 Mount 相关的 Binding 接口 MountPoint 和 MountPointService 的源代码：

代码清单 9-4　MountPoint.java

```java
public interface MountPoint extends Identifiable<InstanceIdentifier<?>> {
    <T extends BindingService> @NonNull Optional<T> getService(@NonNull Class<T> service);
}
```

代码清单 9-5　MountPointService.java

```java
public interface MountPointService extends BindingService {
    Optional<MountPoint> getMountPoint(InstanceIdentifier<?> mountPoint);
    <T extends MountPointListener> ListenerRegistration<T> registerListener(Instance
        Identifier<?> path, T listener);

    public interface MountPointListener extends EventListener {
        void onMountPointCreated(InstanceIdentifier<?> path);
        void onMountPointRemoved(InstanceIdentifier<?> path);
    }
}
```

在上面的 Binding 接口中，只有获取挂载点的方法，而没有创建挂载点的方法，因此如果要创建挂载点，只能调用 Mount 的 DOM 接口。

图 9-2 是 Mount 机制相关的几个 Binding 接口的设计及关系图。

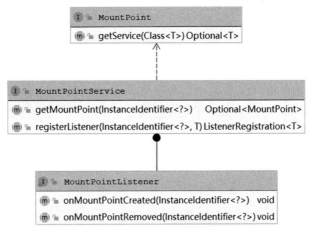

图 9-2　Mount 的 Binding 接口

9.2　Mount 机制的实现

Mount 机制的实现不仅只是包括上面介绍的几个接口的实现，还要考虑到注册在挂载点的服务的适配实现，下面先看看 Mount 的 DOM 接口的实现，再结合 NETCONF 南向插件的实现来看挂载点提供服务的适配实现思路。

Mount 的 Binding 接口的适配实现比较简单，实现的大概思路与 RPC 类似，想了解的读者，可以直接阅读源码。

9.2.1　DOM 接口实现

1. DOMMountPoint 接口的实现

mdsal 子项目中模块 mdsal-dom-spi 内定义的类 SimpleDOMMountPoint 实现了 DOMMountPoint 接口，图 9-3 是 SimpleDOMMountPoint 的类图。

SimpleDOMMountPoint 类中定义了一个 ClassToInstanceMap 类型的 services 变量，用来保存该挂载点上注册的 DOMService 类型的服务。

> **知识点**　ClassToInstanceMap 是 Guava 库中提供的一个 Map 集合，用 Class 作为 Key，对应实例作为 Value。它定义了 T getInstance(Class<T>) 和 T putInstance(Class<T> T) 这两个方法，这两个方法消除了元素类型转换的过程并保证了元素在 Map 中的类型是安全的。

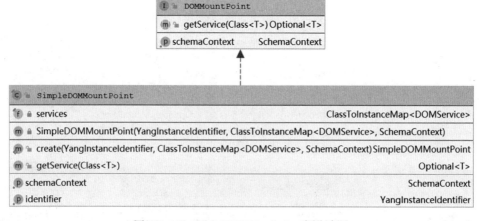

图 9-3　SimpleDOMMountPoint 类设计图

2. DOMMountPointService 接口的实现

DOMMountPointServiceImpl 类实现了 DOMMountPointService 接口，其实现相对简单，核心代码就代码清单 9-6 所示。

代码清单 9-6　DOMMountPointService 的实现

```
public class DOMMountPointServiceImpl implements DOMMountPointService {
......
    private final Map<YangInstanceIdentifier, DOMMountPoint> mountPoints = new
        HashMap<>();
    private final ListenerRegistry<DOMMountPointListener> listeners = ListenerRegistry.
        create();
......
```

```
@Override
public ListenerRegistration<DOMMountPointListener> registerProvisionListener(final
    DOMMountPointListener listener) {
    return listeners.register(listener);
}

private ObjectRegistration<DOMMountPoint> registerMountPoint(final SimpleDOMMountPoint
    mountPoint) {
    final YangInstanceIdentifier mountPointId = mountPoint.getIdentifier();
    synchronized (mountPoints) {
        final DOMMountPoint prev = mountPoints.putIfAbsent(mountPointId, mountPoint);
        checkState(prev == null, "Mount point %s already exists as %s", mountPointId,
            prev);
    }
    listeners.forEach(listener -> listener.getInstance().onMountPointCreated(mountPoi
        ntId));

    return new AbstractObjectRegistration<DOMMountPoint>(mountPoint) {
        @Override
        protected void removeRegistration() {
            doUnregisterMountPoint(getInstance().getIdentifier());
        }
    };
}
......
}
```

该类定义了一个 Map 变量 mountPoints 用来保存创建的挂载点。代码清单 9-6 中注册挂载点的实现方法 registerMountPoint()，使用了关键词 synchronized 来保证多线程情况下 Map 操作的安全性，当向 Map 里插入记录时，如果已经注册过，则抛出异常，反之，则注册成功。注册完成后，再回调注册的监听器的处理方法。

3. DOMMountPointServiceImpl 实例化配置及服务发布

最后，通过 blueprint 配置来完成 DOMMountPointServiceImpl 类的实例化，并把 DOMMount-PointService 发布为 OSGi 的 Service。配置如代码清单 9-7 所示。

代码清单 9-7　DOMMountPointServiceImpl 实例化

```xml
<!-- DOM MountPoint Service -->

    <bean id="domMountPointService" class="org.opendaylight.mdsal.dom.broker.
        DOMMountPointServiceImpl"/>

    <service ref="domMountPointService" interface="org.opendaylight.mdsal.dom.
        api.DOMMountPointService"
        odl:type="default"/>
```

9.2.2 NETCONF 南向插件的实现

ODL 中，基于 MD-SAL Mount 机制实现了 NETCONF 南向插件，下面我们来看其实现的大概思路。

1. NETCONF 介绍

NETCONF = The Network Configuration Protocol，按照 RFC 6241 的定义，NETCONF 是安装、编辑和删除网络设备配置的标准协议。

NETCONF 采用的是 C/S 的模式，而面向连接，协议报文使用的是 XML 格式。图 9-4 是 NETCONF 协议的架构。

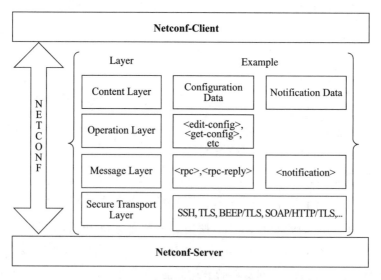

图 9-4　NETCONF 协议框架

NETCONF 在逻辑上可以划分为 4 层。

第一层：传输层。

传输层为 NETCONF Client 和 NETCONF Server 之间的交互提供了安全的通信路径。NETCONF 协议规定 SSH 是要必须支持的。所以，一般的网络设备使用 SSH 协议作为 NETCONF 协议的承载协议。

第二层：消息层。

NETCONF 中定义了 3 种消息类型，分别是 hello、rpc 和 rpc-reply、notification。

<hello> 仅作用于会话刚刚建立时 netconf-server 和 netconf-client 之间进行能力交换。server 和 client 需要在回话建立后互相发送 <hello> 消息，并在 <hello> 消息中携带自身支

持的能力，以及支持的 NETCONF 协议的版本号。server 和 client 是根据自身和对方的能力信息协商使用的 NETCONF 版本。客观上，当 C/S 双方互发 <hello> 且协商版本成功后，认为 NETCONF 会话建立成功。

<rpc> 是由 netconf-client 发起的发送到 netconf-server 的消息，用于 client 请求 server 执行某项具体的操作。client 采用是 <rpc> 元素封装操作请求信息。服务器采用 <rpc-reply> 元素封装 RPC 请求的响应信息，在 <rpc-reply> 中定义了两种默认的元素分别是 <ok> 和 <rpc-error>。<ok> 表示未定义响应内容的 rpc 执行成功，而 <rpc-error> 表示 rpc 执行失败。

而 notification 是 NETCONF 服务端向客户端通告的事件。NETCONF 的通知是以 Stream 进行分类的，不同类的 Stream 以不同的 stream-name 进行区分。netconf-server 默认需要支持的 stream-name 是"NETCONF"。Notification 的订阅是通过向 netconf-server 发 rpc 请求实现的，报文格式如代码清单 9-8 所示。

代码清单 9-8　订阅 notification 的 rpc 消息报文

```
<rpc message-id="101" xmlns:netconf="urn:ietf:params:xml:ns:netconf:base:1.0">
    <create-subscription xmlns="urn:ietf:params:xml:ns:netconf:notification:1.0">
        <stream>NETCONF</stream>
    </create-subscription>
</rpc>
```

第三层：操作层

操作层是基于 NETCONF 的消息层的 <rpc> 消息，通过 <rpc> 消息定义了对配置或者状态数据进行事务级操作。要理解这个，我们首先要了解 NETCONF 协议的 3 个标准概念配置数据库，如图 9-5 所示。

图 9-5　netconf 配置数据库

❑ <running/>

此数据库代表目前在设备上运行的生效配置。除非设备还支持 candidate 能力，否则该数据库是被强制要求唯一的标准数据库。

<running/> 数据库同样也包含当前设备上可用的所有状态信息。

❑ <candidate/>

对 <candidate/> 数据库的任何改变都不会马上直接影响网络设备。而是需要管理员

使用 <commit> 操作来运行 <candidate/> 数据库上变化的配置，并使这些变化的配置成为 <running/> 数据库的一部分。<commit> 操作成功执行后，<candidate/> 数据库的内容和 <running/> 数据库的内容应是相同的。

由于 <candidate/> 数据库是全局数据库，因此管理员可以使用 <discard-changes> 操作来放弃已变化但是不想执行的配置。

❏ <startup/>

<startup/> 数据库，用于保存启动时的配置数据。

NETCONF 协议规定了 9 种简单的 rpc 操作，这些操作包括对配置数据库的查询和修改，另外还包括了锁操作和会话操作。使用 rpc 消息封装的基本操作如表 9-1 所示。

表 9-1 NETCONF RPC 操作说明

基 本 操 作	功 能 描 述
<get-config>	用来从 <running/>、<candidate/> 和 <startup/> 配置数据库中获取全部或指定的一部分配置数据
<get>	用来从 <running/> 配置数据库中获取部分或全部运行的配置数据和设备的状态数据
<edit-config>	用来对指定数据库的内容进行修改，支持 merge、create、replace、delete、remove，其中 merge 为默认操作动作。create 与 replace 都可以创建操作的对象，主要区别是如果被操作对象已存在，replace 会替换掉原来对象，create 会报错"data-exists"；delete 和 remove 都可以删除被操作的对象，如果操作对象不存在，delete 报"data-missing"的错误，remove 会忽略
<copy-config>	用源配置数据库替换目标配置数据库。如果目标配置数据库没有创建，则直接创建配置数据库，否则用源配置数据库直接覆盖目标配置数据库
<delete-config>	用来删除一个配置数据库，但不能删除 <running/> 配置数据库
<lock>	用来锁定设备的 <running/> 数据库，独占配置数据库的修改权，<lock> 操作只能在 <running/> 数据库上执行
<unlock>	用来取消用户自己之前执行的 <lock> 操作，但不能取消其他用户的 <lock> 操作
<close-session>	用来正常关闭当前 NETCONF 会话
<kill-session>	强制关闭 NETCONF 会话

第四层：内容层

内容层描述了网络管理所涉及的配置数据，使用 YANG 语言进行建模。YANG 作为一种建模语言和 NETCONF 是相伴而生的，虽然，原则上 YANG 也能够用于其他的协议和不同的领域，但基本上可以认为 YANG 语言就是为 NETCONF 而量身定做的。总体来说，NETCONF/YANG 并不规范配置的内容，支持 NETCONF/YANG 的设备供应商也可保留自己特有的配置内容，但需要转换成用 YANG 定义的数据模型。然后，通过 NETCONF 定义标准的操作接口，且必须用统一的方法来安装、编辑、删除配置内容以及获取设备运行的状态数据。可以理解为，数据内容可以不同，但定义数据（YANG）和操作数据

（NETCONF）的方法必须一致统一。

2. 挂载点的路径设计

对于 NETCONF 设备，其 MountPoint 的路径在 netconf 子项目中的模块 sal-netconf-connector 中的 netconf-node-topology.yang 文件进行了定义，即代码清单 9-9 所示。

代码清单 9-9　NETCONF 设备的挂载点路径定义

```
augment "/nt:network-topology/nt:topology/nt:topology-types" {
    container topology-netconf {
        presence "The presence of the container node indicates a network
                of NETCONF devices";
    }
}
......
augment "/nt:network-topology/nt:topology/nt:node" {
    when "../../nt:topology-types/topology-netconf";
    ext:augment-identifier "netconf-node";

    uses netconf-node-fields;
}
```

NETCONF 设备的挂载点路径与在拓扑模型中通过 augment 创建的 netconf-node 的路径是相同的。在 ODL 的数据树中，NETCONF 设备的挂载点路径层次如图 9-6 所示。

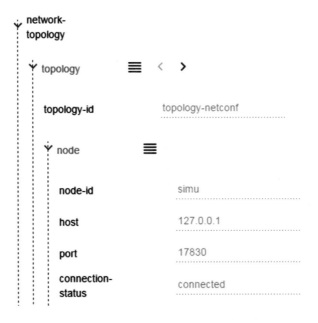

图 9-6　NETCONF 设备的挂载点路径

也即 network-topology/topology[topology-id=topology-netconf]/node[node-id=simu]/ 路径。

3. 服务的适配与实现

构建 NETCONF 设备的挂载点，最重要的是挂载点需要注册的服务的适配与实现。前面已经讲过 NETCONF 协议的框架定义，分为 4 层，即安全传输层、消息层、操作层和内容层。接下来分别来看这 4 层在 ODL 中的实现思路。

对于安全传输层，NETCONF 利用现有的安全协议来提供安全保证，但并不与具体的安全协议绑定。在 ODL 的实现上，氟版本之前只提供了 SSH 方式与 NETCONF 设备建立安全链接，但在最新版本中，已增加了 TLS 的方式。这一层的复杂性在于安全及加密本身就是一个比较复杂的问题，实现安全链接时有多种对称及非对称的加密算法可供选择。特别是非对称加密，涉及公钥、私钥、还有证书的设置。对于这一部分的理解，需要先学习一些背景知识。在 ODL 最新版本的 netconf 子项目中，netconf/sal-netconf-connector 中的 netconf-keystore.yang 文件里定义了若干 RPC，以实现相关的配置。

已经介绍过，NETCONF 消息层分 hello、rpc 和 notification 3 类。设备 YANG 模型中用户自定义 RPC 直接封装为 NETCONF rpc 消息。ODL 通过实现 DOMRpcService 接口来适配 NETCONF 设备的 rpc 消息的代码如代码清单 9-10 所示。

代码清单 9-10　MD-SAL RPC 接口与 NETCONF rpc 消息

```
/**
 * Invokes RPC by sending netconf message via listener. Also transforms result from
 *     NetconfMessage to CompositeNode.
 */
public final class NetconfDeviceRpc implements DOMRpcService {

    private final RemoteDeviceCommunicator<NetconfMessage> communicator;
    private final MessageTransformer<NetconfMessage> transformer;
    private final SchemaContext schemaContext;

    public NetconfDeviceRpc(final SchemaContext schemaContext,
            final RemoteDeviceCommunicator<NetconfMessage> communicator,
            final MessageTransformer<NetconfMessage> transformer) {
        this.communicator = communicator;
        this.transformer = transformer;
        this.schemaContext = requireNonNull(schemaContext);
    }

    @Override
    public FluentFuture<DOMRpcResult> invokeRpc(final SchemaPath type, final
        NormalizedNode<?, ?> input) {
```

```
    final FluentFuture<RpcResult<NetconfMessage>> delegateFuture = communicator.
        sendRequest(
        transformer.toRpcRequest(type, input), type.getLastComponent());

    final SettableFuture<DOMRpcResult> ret = SettableFuture.create();
    delegateFuture.addCallback(new FutureCallback<RpcResult<NetconfMessage>>() {
        @Override
        public void onSuccess(RpcResult<NetconfMessage> result) {
            ret.set(result.isSuccessful() ? transformer.toRpcResult(result.
                getResult(), type)
                    : new DefaultDOMRpcResult(result.getErrors()));
        }

        @Override
        public void onFailure(Throwable cause) {
            ret.setException(new DOMRpcImplementationNotAvailableException(cause,
                "Unable to invoke rpc %s", type));
        }

    }, MoreExecutors.directExecutor());
    return ret;
    }
......
}
```

代码清单 9-10 中，NetconfDeviceRpc 类实现了 DOMRpcService 接口，其实例被注册
为该设备的挂载点上的 DOMRpcService 服务。上面的适配代码实现了把用户调用 RPC 方
法适配为向 NETCONF 设备发送 rpc 请求报文。

NETCONF 的消息层的 notification 消息的适配，包括两个方面：1）实现 DOMNotification-
Service 接口，在挂载点注册 DOMNotificationService 服务提供 notification 的注册接口；
2）向设备下发 NETCONF 的订阅 notification 的 rpc 消息，在设备上订阅 notification。

代码清单 9-11　MD-SAL Notification 接口与 NETCONF notification

```
public class NetconfDeviceNotificationService implements DOMNotificationService {
    private static final Logger LOG = LoggerFactory.getLogger(NetconfDeviceNotificationSe
        rvice.class);

    private final Multimap<SchemaPath, DOMNotificationListener> listeners = HashMultimap.
        create();

    // Notification publish is very simple and hijacks the thread of the caller
    // TODO shouldnt we reuse the implementation for notification router from sal-broker-
        impl ?
    @SuppressWarnings("checkstyle:IllegalCatch")
    public synchronized void publishNotification(final DOMNotification notification) {
```

```
        for (final DOMNotificationListener domNotificationListener : listeners.get
            (notification.getType())) {
            try {
                domNotificationListener.onNotification(notification);
            } catch (final Exception e) {
                LOG.warn("Listener {} threw an uncaught exception during processing
                    notification {}",
                        domNotificationListener, notification, e);
            }
        }
    }

    @Override
    public synchronized <T extends DOMNotificationListener> ListenerRegistration<T>
        registerNotificationListener(
            @Nonnull final T listener, @Nonnull final Collection<SchemaPath> types) {
        for (final SchemaPath type : types) {
            listeners.put(type, listener);
        }

        return new AbstractListenerRegistration<T>(listener) {
            @Override
            protected void removeRegistration() {
                for (final SchemaPath type : types) {
                    listeners.remove(type, listener);
                }
            }
        };
    }
    ...
```

代码清单 9-11 中，NetconfDeviceNotificationService 类实现了 DOMNotificationService 的服务接口，通过一个 Multimap 类型的成员变量 listeners 维护了注册的监听器的信息。该类还提供了 publishNotification() 方法用来在收到 notification 时回调监听器的处理方法。不过在代码清单 9-11 中，是没有向设备订阅 notification 的请求逻辑的，需要再向设备发送一条订阅的 rpc 消息（create-subscription）来实现，订阅 notification 的 rpc 定义在 netconf 子项目的 netconf/models/ietf-netconf-notifications/src/main/yang/ notifications@2008-07-14. yang 文件中，因此，可以编写类似代码清单 9-12 中的一段代码实现 notification 的订阅。

代码清单 9-12　notification 在设备上的订阅样例代码

```
final String streamName = "NETCONF";
final Optional<RpcConsumerRegistry> service = mountPoint.get().getService(RpcConsumer
    Registry.class);
```

```
final NotificationsService rpcService = service.get().getRpcService(Notifications
    Service.class);
final CreateSubscriptionInputBuilder createSubscriptionInputBuilder = new Create
    SubscriptionInputBuilder();
createSubscriptionInputBuilder.setStream(new StreamNameType(streamName));
LOG.info("Triggering notification stream {} for node {}", streamName, nodeId);
final Future<RpcResult<Void>> subscription = rpcService.createSubscription(create
    SubscriptionInputBuilder.build());
```

　　MD-SAL DataStore 服务接口的读写事务被映射为 NETCONF 的操作层的操作。DataStore 的读事务操作对应为 NETCONF 操作层的 <get> 和 <get-config>，在读操作时，如果参数 LogicalDatastoreType 为状态库，会映射为 <get> 操作，LogicalDatastoreType 参数为配置库会映射为 <get-config> 操作，读的是配置 running 库的数据。而 DataStore 写事务，包括 put、merge、delete 操作，最后还需要 commit 进行事务修改的正式提交。这些操作对应在 NETCONF 协议的 <edit-config> 操作，具体操作如何关联到 NETCONF 的库要看设备的能力。其对应关系如代码清单 9-13 所示。

代码清单 9-13　DataStore 的写事务与 NETCONF 操作之间的对应

```
@Override
public DOMDataWriteTransaction newWriteOnlyTransaction() {
    if (candidateSupported) {
        if (runningWritable) {
            return new WriteCandidateRunningTx(id, netconfOps, rollbackSupport);
        } else {
            return new WriteCandidateTx(id, netconfOps, rollbackSupport);
        }
    } else {
        return new WriteRunningTx(id, netconfOps, rollbackSupport);
    }
}
```

4. NETCONF 挂载点的创建

　　在监听 topo 中 netconf node 的创建信息时，监听到后，会与 NETCONF 设备进行协商能力，并建立会话。会话建立后，会调用代码清单 9-14 的方法来创建并注册该 NETCONF 设备的挂载点。

代码清单 9-14　NETCONF 设备挂载点的创建

```
public synchronized void onTopologyDeviceConnected(final SchemaContext initialCtx,
        final DOMDataBroker broker, final DOMRpcService rpc,
        final NetconfDeviceNotificationService newNotificationService, final
        DOMActionService deviceAction) {
```

```
Preconditions.checkNotNull(mountService, "Closed");
Preconditions.checkState(topologyRegistration == null, "Already initialized");

final DOMMountPointService.DOMMountPointBuilder mountBuilder =
    mountService.createMountPoint(id.getTopologyPath());
mountBuilder.addInitialSchemaContext(initialCtx);

mountBuilder.addService(DOMDataBroker.class, broker);
mountBuilder.addService(DOMRpcService.class, rpc);
mountBuilder.addService(DOMNotificationService.class, newNotificationService);
if (deviceAction != null) {
    mountBuilder.addService(DOMActionService.class, deviceAction);
}
this.notificationService = newNotificationService;

topologyRegistration = mountBuilder.register();
LOG.debug("{}: TOPOLOGY Mountpoint exposed into MD-SAL {}", id, topologyRegistration);
}
```

NETCONF 的挂载点创建并注册成功的话，就可以通过 MountPointService 获取挂载点，然后通过挂载点获取注册在挂载点的服务（DataBroker、RPC、Notification）。这样就可以直接通过这些服务接口直接与 NETCONF 设备进行交互了。

9.3 本章小结

本章简单介绍了 ODL 中的 Mount 机制的设计与实现，并介绍了基于 Mount 机制设计实现的 NETCONF 南向协议插件，本章虽然没详细介绍 Mount 的 Binding 接口的实现，但在实际使用中，主要还是调用 Binding 接口 MountPointService 来编写代码。对 Binding 接口的调用最终会适配到 DOM 接口的实现，因此，读者理解了 DOM 接口的实现，就理解了 Mount 机制的基本实现原理。

其实，NETCONF 协议插件还支持控制器集群环境的实现，用来协调多个控制器节点与多个 NETCONF 设备间的配置关系，用到了 ODL 提供的 ClusterSingletonService，第 10 章将介绍 ODL 提供的调度协调集群中服务的机制 EntityOwnership 和 ClusterSingletonService。

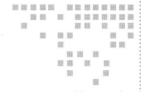

第 10 章 *Chapter 10*

MD-SAL Cluster Service

ODL 是一个基于 Akka 实现的分布式系统，提供了包括分布式 DataStore、RemoteRPC 等位置透明的基础服务。这些基础服务的部署模型默认为对称集群方式，也就是这些服务在集群中的所有节点上都是激活的。但在某些场景中，可能需要某个类型的服务恰好运行在特定的集群节点上，有时甚至要必须这样。举个具体的例子，比如 OpenFlow 协议，一台 OpenFlow 交换机可以同时连接到集群中的多个控制器节点，这些节点可以有 3 种角色，分别是 Master、Slave 和 Equal。哪个集群节点是交换机的 Master，交换机自身是没有决定权的，OpenFlow 协议的标准也没有定义如何进行选举。在这个场景中，控制器必须提供一种机制来在控制器集群的多个节点中选举出交换机的 Master 角色。

从 Lithium 版本开始，ODL 便提供了 EntityOwnershipService（EOS）机制来为连接到控制器的每个交换机从多个集群节点中选举 Master。在最新的版本中，ODL 社区又提供了更加可靠和方便使用的 ClusterSingletonService 机制。本章将从这两种机制相关的基本概念入手，进而分别介绍其接口设计和实现原理，尽量让读者对基本概念及其实现原理有清晰的了解。

10.1 EntityOwnershipService

10.1.1 基本概念

❏ Entity- 译为实体，指在整个控制器集群中，可被多个应用共享的东西。比如连接到控制器的一台 OpenFlow 交换机，集群中提供的某个全局的服务。Entity 是由

type 和 id 构成，type 即如"openflow""netconf-topology"的字符串类型，id 是 Instanceidentifier（YangInstanceidentifier）类型变量，与数据树中某个数据节点关联。

❑ Owner- 是一种角色，对某个 Entity 来说，即在控制器集群中，选举出的拥有该 Entity 所有权的控制器节点。

❑ Candidate- 参与者，候选者，指所有竞争某个 Entity 的 Owner 选举的控制器节点所拥有的初始角色状态。

10.1.2　接口设计

EOS 相关的接口都是在 mdsal 子项目定义的。而最初的 EOS 的相关接口是在 controller 子项目中定义的，但从 Fluorine 版本之后，controller 子项目中的 EOS 相关接口定义就删掉了。EOS 相关的接口也分为 DOM 接口和 Binding 接口两种，两种接口定义的方法名称与含义基本完全相同，只是方法入参类型有所区别，下面就以 EOS 相关的 DOM 接口来观察其接口设计。

首先就是 Entity 的 DOM 类 DOMEntity 定义，类图如图 10-1 所示。

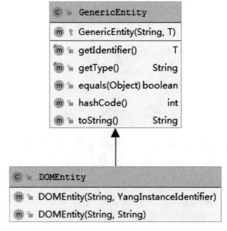

图 10-1　DOMEntity 类图

DOMEntity 类继承自 GenericEntity 类，构造方法需要 type 和 identifier 两个入参。这里之所以需要定义父类 GenericEntity，是因为 GenericEntity 类也作为 EOS 的 Binding 类 Entity 的父类，这样的设计可以重用逻辑实现，避免代码的重复。

对于一个 Entity 实例，要在某些集群节点中选举出 Owner，那就要把参与选举的集群节点注册为 Candidate，且对于一个 Entity 实例，参与选举的集群节点每个节点仅能注册一次。为 Entity 注册 Candidate 的服务接口为 DOMEntityOwnershipService，与 GenericEntity 的设计类似，也有一个父接口 GenericEntityOwnershipService，DOMEntityOwnershipService 继承自 GenericEntityOwnershipService 接口。DOMEntityOwnershipService 接口定义了 4 个方法，1）registerCandidate() 方法是把当前控制器节点注册为某个 Entity 的 Candidate；2）register-Listener() 方法注册某一类 Entity 的 Owner 选举状态变化的监听器；3）getOwnershipState() 方法用于查询对于某个 Entity，本控制器节点当前的状态；4）isCandidateRegistered() 方法用于检查本控制器节点是否已注册为某个 Entity 的 Candidate。

除此之外，EntityOwnership 状态和 EntityOwnership 状态的变化也是必须要定义出来的。

对某个 Entity 实例来说，其 Ownership 状态就 3 种：1）本控制器节点是 Owner；2）其他控制器节点是 Owner；3）整个控制器集群中还没有选举出该 Entity 的 Owner。因此，EntityOwnershipState 被定义为 enum 类型，其具体定义如代码清单 10-1 所示。

代码清单 10-1　EntityOwnershipState.java

```java
public enum EntityOwnershipState {
    /**
     * The local process instance is the owner of the entity.
     */
    IS_OWNER,

    /**
     * A remote process instance is the owner of the entity.
     */
    OWNED_BY_OTHER,

    /**
     * The entity has no owner and thus no candidates.
     */
    NO_OWNER;
......
}
```

而在 Ownership 的状态变化的定义中，该定义包含 3 个要素：1）是否已选出 Owner；2）是否本节点被选为 Owner；3）是否本节点上一轮选举是 Owner。由这 3 个要素组合而成 Ownership 的状态变化，定义出 enum 类型的 EntityOwnershipChangeState，源码如代码清单 10-2 所示。

代码清单 10-2　EntityOwnershipChangeState.java

```java
public enum EntityOwnershipChangeState {

    LOCAL_OWNERSHIP_GRANTED(false, true, true),//本节点被选为当前Owner,且上一轮不是Owner
    LOCAL_OWNERSHIP_LOST_NEW_OWNER(true, false, true),//本节点上一轮选举是Owner,本轮其他
                                                       //节点被选为Owner
    LOCAL_OWNERSHIP_LOST_NO_OWNER(true, false, false),//本节点上一轮选举是Owner,本轮没有
                                                       //节点被选为Owner
    LOCAL_OWNERSHIP_RETAINED_WITH_NO_CHANGE(true, true, true), //本节点被选为当前Owner,
                                                               //且上一轮本节点也是Owner
    REMOTE_OWNERSHIP_CHANGED(false, false, true),    //本节点不是当前Owner,且上一轮也不
                                                     //是Owner,Owner是其他节点
    REMOTE_OWNERSHIP_LOST_NO_OWNER(false, false, false); //本节点不是当前Owner,且上一轮也
                                                          //不是Owner,没有节点当选为Owner
```

```
......

    private final boolean wasOwner;
    private final boolean isOwner;
    private final boolean hasOwner;
......
}
```

上面定义中具体的 Ownership 状态变化枚举条目的含义，请看作者添加的注释。

当某个 Entity 实例的 Ownership 状态发生变化时，业务应用就要做相应的处理。因此应用需要关注 EntityOwnershipChangeState，这就需要实现监听接口 DOMEntityOwnership-Listener，其定义源码如代码清单 10-3 所示。

代码清单 10-3　DOMEntityOwnershipListener.java

```
public interface DOMEntityOwnershipListener extends
        GenericEntityOwnershipListener<YangInstanceIdentifier, DOMEntityOwnershipChange> {
    @Override
    void ownershipChanged(DOMEntityOwnershipChange ownershipChange);
}
```

DOMEntityOwnershiplistener 接口定义非常简单，只定义了一个 ownershipChanged() 方法，以实现某个 Entity 的 Ownership 的状态变化通知时的处理。该方法的入参是 DOMEntity-OwnershipChange，这个类的定义及继承关系图如图 10-2 所示。

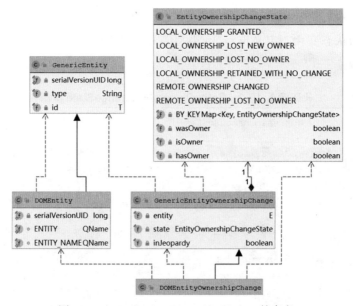

图 10-2　DOMEntityOwnershipChange 的定义

从图 10-2 可以看出，DOMEntityOwnershipChange 继承自 GenericEntityOwnershipChange，包括 3 个成员变量：entity、state 和 inJeopardy，前面两个无须做过多解释，最后一个 inJeopardy 的含义是指当前集群处于危险境地，比如集群网络出现分区，原来的 Leader 变成了 IsolatedLeader 的情况，在这种情况下，发送出来的 Ownership 状态变化通知就是不可信的。

以上介绍的所有的相关的类和接口，其中最重要，最核心的就是 DOMEntityOwnership-Service 接口，该接口对应的 Binding 接口是 EntityOwnershipService，其方法定义名称和含义与 DOM 接口一致，只是参数类型上有所差异。对于 EntityOwnershipService 的其他 Binding 接口的定义就不再展开了，读者看一下图 10-3 的 EntityOwnershipService 接口与相关接口的设计和关联关系图就清楚了：

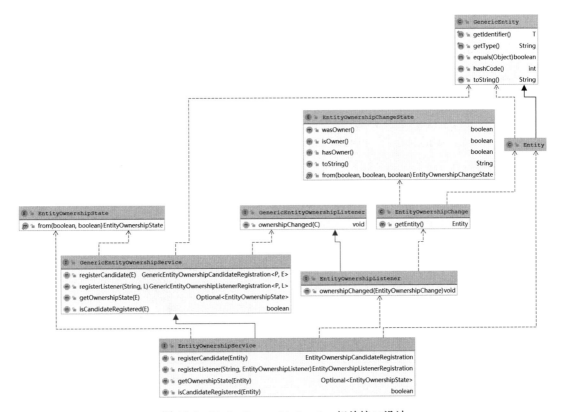

图 10-3　EntityOwnershipService 相关接口设计

由于 DOMEntityOwnershipService 和 EntityOwnershipService 服务接口最后都被发布为 OSGi 的 Service，因此要使用 EntityOwnershipService，需要先获取 EntityOwnershipService，然后再调用方法 registerCandidate() 方法进行 Candidate 注册，实现 EntityOwnershipListener 接口并调用 registerListener() 注册该监听器，这样操作后应用就可以接收到 Entity 的 Owner

选举变化情况，从而进行处理。

10.1.3 实现说明

EntityOwnershipService 的实现代码在 controller 子项目中的 sal-distributed-datastore 模块中，其实现是基于 distributed-datastore 的。所有的 Entity、Candidate 和选举出的 Owner 信息都被保存在一个单独的数据树分片 EntityOwnershipShard 中，该数据分片的数据模型设计在 controller 子项目下 YANG 文件 opendaylight/md-sal/sal-distributed-datastore/src/main/yang/entity-owners.yang 中定义，内容如代码清单 10-4 所示。

代码清单 10-4　EntityOwnershipService 的 YANG 模型

```
module entity-owners {
    yang-version 1;
    namespace "urn:opendaylight:params:xml:ns:yang:controller:md:sal:clustering:entity-owners";
    prefix "entity-owners";

    description
        "This module contains the base YANG definitions for
        an implementation of the EntityOwnershipService which stores
        entity ownership information in the data store";

    revision "2015-08-04" {
        description "Initial revision.";
    }

    container entity-owners {

        // A list of all entities grouped by type
        list entity-type {
            key type;
            leaf type {
                type string;
            }

            list entity {
                key id;

                leaf id {
                    type instance-identifier;
                }

                leaf owner {
                    type string;
                }
```

```
                // A list of all the candidates that would like to own the entity
                list candidate {
                    key name;
                    ordered-by user;

                    leaf name {
                        type string;
                    }
                }
            }
        }
    }
}
```

EntityOwnershipService 的 YANG 模型设计，是把 Entity 按照 type 分组，每个 Entity 包括其 id 和参与选举该 Entity 的 Owner 角色的所有 Candidate 名称以及选举出的 Owner 名称。

EntityOwnershipShard 分片的数据树就是基于上面的 YANG 模型构建的，分片副本分布在所有的集群节点上。实现 EntityOwnershipService 利用了 distributed-datastore 的强一致性，其总体流程是在用户注册 Candidate 时，Entity 及 Candidate 信息会被写入该数据分片，写入成功后，在分片的 Leader 节点上按照配置的 EntityOwnerSelectionStrategy 进行 Owner 的选举，选举出的 Owner 也写入该分片，同时根据该分片的数据变更通知，生成 DOMEntityOwnershipChange 的消息通知到注册的 EntityOwnershipListener。其实现思路大概就是这样，按照这个思路阅读这部分代码读者应该就能够把握住总体思路了。

在文件 etc/org.opendaylight.controller.cluster.entity.owner.selection.strategies.cfg 中可以配置选举 Owner 的策略配置，配置格式代码清单 10-5。

代码清单 10-5　Owner 选举策略配置

```
entity.type.openflow = org.opendaylight.controller.cluster.datastore.entityownership.
    selectionstrategy.FirstCandidateSelectionStrategy

entity.type.netconf = org.opendaylight.controller.cluster.datastore.entityownership.
    selectionstrategy.LeastLoadedCandidateSelectionStrategy
```

上面两个策略都实现了接口 EntityOwnerSelectionStrategy，是 ODL 中已提供的两种实现策略。当然，我们也可以通过自定义实现这个策略接口。

下面来了解 DOMEntityOwnershipService 接口的实现类 DistributedEntityOwnershipService。请看图 10-4 的类设计图。

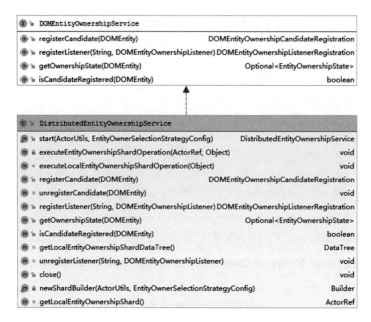

图 10-4 DistributedEntityOwnershipService 类图

该类的实例化配置在 blueprint 文件中，配置脚本如代码清单 10-6 所示。

代码清单 10-6 DOMEntityOwnershipService 的实例化配置

```xml
<!-- Distributed EntityOwnershipService -->
<cm:cm-properties id="strategiesProps" persistent-id="org.opendaylight.controller.
    cluster.entity.owner.selection.strategies" />

<bean id="selectionStrategyConfig" class="org.opendaylight.controller.cluster.
    datastore. entityownership.selectionstrategy.EntityOwnerSelectionStrategyConfig
    Reader"
        factory-method="loadStrategyWithConfig">
    <argument ref="strategiesProps"/>
</bean>

<bean id="distributedEntityOwnershipService" class="org.opendaylight.controller.
    cluster.datastore.entityownership.DistributedEntityOwnershipService"
        factory-method="start" destroy-method="close">
    <argument>
        <bean factory-ref="operDatastore" factory-method="getActorUtils"/>
    </argument>
    <argument ref="selectionStrategyConfig"/>
</bean>

<service ref="distributedEntityOwnershipService" interface="org.opendaylight.
    mdsal.eos.dom.api.DOMEntityOwnershipService"
        odl:type="default"/>
```

创建该类实例时，注入了配置的选举策略。实例创建后，会调用其 start() 方法，在该方法中向 ShardManager Actor 发送了消息 CreateShard 来创建 EntityOwnershipShard 这个分片。对于注册的每个类型的 Entity，都创建了一个 EntityOwnershipListenerActor 实例来负责发布该 Entity 的 Owner 变化通知。

DOMEntityOwnershipService 也已发布为 OSGi 的 Service，EntityOwnershipService 的 Binding 接口的适配实现依赖了该 Service，实现代码比较简单，不再展开详解，请读者直接参考源码。

10.2　ClusterSingletonService

在某些场景中，希望某个服务在整个集群中是全局唯一地，可以称之为集群环境中的单例模式，比如如下场景：

❑ 对集群中特定的范围做一致性决策或跨集群系统协调行动的单一责任点。

❑ 外部系统的单一入口点。

❑ 一主控，多个工作者模式。

❑ 集中命名服务或路由逻辑。

ODL 中的 ClusterSingletonService 机制就是为上述场景设计的，其实现基础是前面介绍的 EntityOwnershipService 机制。下面来了解其接口设计和大概实现思路。

10.2.1　接口设计

ClusterSingletonService 机制相关的接口就两个，一个是需要我们实现的 Java 接口 ClusterSingletonService，一个是 ODL 提供的系统服务接口 ClusterSingletonServiceProvider。这两个接口的定义源代码如代码清单 10-7 所示。

代码清单 10-7　ClusterSingletonService.java

```
public interface ClusterSingletonService extends Identifiable<ServiceGroupIdentifier> {

    void instantiateServiceInstance();

    ListenableFuture<? extends Object> closeServiceInstance();
}
```

ClusterSingletonService 接口需要业务应用开发者来实现，该接口定义了两个方法，其中的 instantiateServiceInstance() 方法会在该控制器节点被选定为该单例的启动节点时被调用，而转移到其他控制器节点时，会调用 closeServiceInstance() 方法。

代码清单 10-8　ClusterSingletonServiceProvider.java

```
public interface ClusterSingletonServiceProvider extends AutoCloseable {
    ClusterSingletonServiceRegistration
```

```
        registerClusterSingletonService(ClusterSingletonService service);
    }
```

如代码清单 10-8 所示，服务接口 ClusterSingletonServiceProvider 定义了注册开发者
实现的 ClusterSingletonService 的方法。这个接口是集群中单例模式机制的入口点，被注
册为 OSGi 的 Service。当开发应用时如果想让我们提供的某个服务是单例模式，需要实现
ClusterSingletonService，获取 ClusterSingletonServiceProvider 服务并调用 registerClusterSi
ngletonService() 方法以注册我们实现的单例服务。

下面，来了解下 ODL 提供的单例模式机制的实现。

10.2.2 实现说明

已经介绍过的 EntityOwnershipService（EOS）提供了为 Entity 实例选举 Owner 的机制，
在集群中，对于一个 Entity 实例，在某一时刻仅会有一个集群节点成为其 Owner，因此，
依据此机制可以借助于 EOS 实现集群单例模式。

为了确保在任何给定的时刻，集群中只有一个激活的 ClusterSingletonService 实例。ODL
社区设计了称之为 "double-candidate" 的方法，就是对一个 ClusterSingletonService 实例除了
定义出一个服务 Entity（serviceEntity）外，还定义了一个守护 Entity（closeGuardEntity）。其
实现过程是系统启动后，所有集群节点会注册成为 serviceEntity 的 Candidate，EOS 会在这
些 Candidate 中选举出其中一个为 Owner，成为 Owner 角色的集群节点，之后会再注册成为
closeGuardEntity 的 Candidate，因为 closeGuardEntity 只有这一个 Candidate，因此正常情况下，
该节点会被选举成为 closeGuardEntity 的 Owner。这样 serviceEntity 和 closeGuardEntity 的
Owner 在同一个集群节点上，满足这种情况时，该集群节点上才会调用 ClusterSingletonService
实例的 instantiateServiceInstance() 方法，完成该单例服务的初始化。

如果 serviceEntity 的 Ownership 发生从 Owner 到非 Owner 变化，会先调用 Cluster-
SingletonService 实例的 closeServiceInstance() 方法来关闭该单例服务，单例服务关闭完成
后，调用 closeGuardEntity 注册对象的 close() 方法，把该集群节点作为 closeGuardEntity 的
Candidate 资格注销掉。同时，集群中被选举为 serviceEntity 的 Owner 的集群节点注册为
closeGuardEntity 的 Candidate。最终，该节点成为 closeGuardEntity 的 Owner，在其上调用
ClusterSingletonService 实例的 instantiateServiceInstance() 方法，完成该单例服务的迁移。

上述说明过程的流程图如图 10-5 所示。

图 10-5 中，MainEntity 即 serviceEntity。EOS 默认的选举策略是先来后到策略，也即先

注册的 Candidate 会被选为 Owner。因此，对于 closeGuardEntity，只有 Owner 在原 Candidate 注销后，新注册的 Candidate 才会成为 Owner。

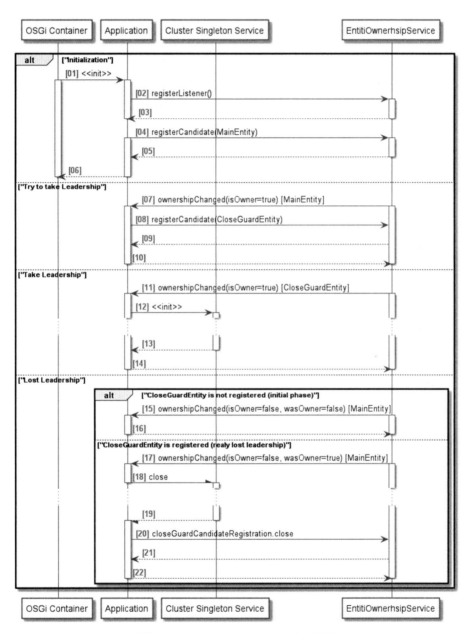

图 10-5　double-candidate 实现流程图

这种双候选实现机制保证了 Owner 不会随着新 Candidate 的注册而改变。

10.3 本章小结

本章介绍了 ODL 中提供的 EOS 和单例服务两种机制，其作用类似于其他分布式系统中提供的选主服务。在某些场景中，EOS 和 ClusterSingletonService 可能是必须要使用的机制，但鉴于单例服务有一些先天的缺陷，比如单点性能瓶颈、单点故障等，因此不建议把 ClusterSingletonService 作为集群中应用的首选解决方案。至于什么时候要用，笔者认为要在你用其他方案都无法解决问题时，再考虑不迟。

第三部分 *Part 3*

公共组件篇

Chapter 11 第 11 章

AAA

安全性对于一个商用系统来说是非常重要的。安全一般可归结为认证（Authentication）和授权（Authorization）这两个问题。认证指的是验证某个用户是否为系统中的合法主体，一般要求用户提供用户名和密码，系统通过校验用户名和密码来完成认证过程。授权指的是验证某个用户是否有权限执行某个操作。在一个系统中，不同用户所具有的权限是不同的，一般来说，系统会为不同的用户分配不同的角色，而每个角色则对应其分配的权限。简而言之，认证解决你是谁的问题（who），授权解决你能干什么的问题（what）。

认证的过程需要根据用户名和密码来校验，但是如果采用明文传输或者存储密码，会面临泄露的风险。因此，一般会先对密码进行加密后再传输和保存。并且，为防止被人截获和窃取，传输或保存的其他重要信息和数据，也必须要进行加密。另外，为了保证加密的过程是可信任的，还引入了数字证书/数字签名的概念。因此，加解密和数字证书的相关内容也属于安全性的一部分。

对于合法用户使用网络服务时的所有操作，包括使用的服务类型、起始时间、数据流量等，也需要记录下来，作为对用户使用网络的行为进行监控和计费的依据，这称为记账（Accounting）。

以上认证（Authentication）、授权（Authorization）、记账（Accounting）合称为 AAA。ODL 的 AAA 子项目就提供了一个灵活、可插拔、具备开箱即用能力的 AAA 框架，本章就从该项目入手，介绍其实现原理。

11.1　Shiro 框架介绍

虽然初期几个版本,ODL 社区实现了一套 AAA 框架,但本着不重复"造轮子"的思想,从 Beryllium 版本开始,AAA 子项目引入了第三方开源的安全框架 Shiro。AAA 最新的代码都是按照 Shiro 框架进行设计与实现的,原来的实现基本废弃。因此,先来看 Shiro 是什么,然后再分析 AAA 子项目最新的实现源码。

11.1.1　Shiro 是什么

Apache Shiro 是一个强大而灵活的开源安全框架,它非常简单且易于使用和扩展。Shiro 可以帮助我们完成认证、授权、加密、会话管理、与 Web 集成、缓存等任务。Shiro 的基本功能点如图 11-1 所示。

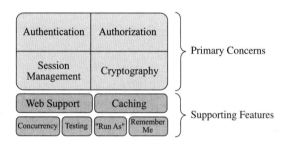

图 11-1　Shiro 核心功能

❑ Authentication:身份认证 / 登录,验证用户是不是拥有相应的身份。

❑ Authorization:授权,即验证权限,验证某个已认证的用户是否拥有某个权限,即判断用户是否能做事情。常见的如验证某个用户是否拥有某个角色,或者更细粒度的,验证某个用户对某个资源是否具有某个权限。

❑ Session Management:会话管理,用户登录后就是一次会话,在退出之前,他的所有信息都在会话中。会话可以是普通的 Java SE 环境的,也可以是 Web 环境的。

❑ Cryptography:加密,保护数据的安全性,如密码加密存储到数据库,而不是明文存储。

❑ Web Support:Web 支持,可以非常容易地集成到 Web 环境中。

❑ Caching:缓存,比如用户登录后,不必每次去查其用户信息、拥有的角色 / 权限,从而提高了效率。

❑ Concurrency：Shiro 支持多线程应用的并发验证，比如在一个线程中开启另一个线程，能把权限自动传播过去。

❑ Testing：提供测试支持。

❑ Run As：允许一个用户假装为另一个用户（如果他们允许）的身份进行访问。

❑ Rember Me：记住我，这是非常常见的功能，即一次登录后，下次再来的话不用登录了。

Shiro 不会去维护用户及其权限信息，这些需要开发者自己去设计 / 提供，然后通过相应的接口注入 Shiro 即可。

11.1.2　Shiro 的架构

Shiro 框架中有 3 个主要的概念：Subject、SecurityManager 和 Realm。图 11-2 的关系图是关于这些概念组件是如何交互的。

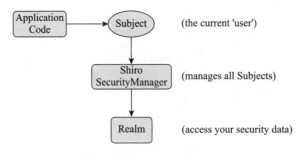

图 11-2　Shiro 框架图

❑ Subject：Subject 实质上是一个当前执行用户的特定安全"视图"。"User"一词通常意味着一个人，而一个 Subject 既可以是一个人，也可以代表第三方服务，如 daemon account、cron job，或其他当前正与本系统进行交互的任何东西。所有 Subject 实例都被绑定到一个 SecurityManager 上（且这是必需的）。当你与一个 Subject 交互时，那些交互过程都需提交到 SecurityManager 处理。

❑ SecurityManager：SecurityManager 是 Shiro 架构的心脏，并作为一种"保护伞"对象来协调内部的安全组件共同构成一个对象图。然而，一旦 SecurityManager 和它的内置对象图已经配置给一个应用程序，那么它就单独留下来，且应用程序开发人员几乎要使用他们所有的时间来处理 Subject API。稍后会更详细地讨论 SecurityManager，重要的是要认识到，当你正与一个 Subject 进行交互时，实质上是 SecurityManager 在幕后处理所有繁重的 Subject 安全操作。这也反映在了图 11-2 所示的基本流程图中。

❑ Realm：Realm 担当 Shiro 和用户的应用程序安全数据之间的"桥梁"或"连接器"。当它真正与安全相关的数据如用来执行身份验证（登录）及授权（访问控制）的用户账户交互时，Shiro 从一个或多个为应用程序配置的 Realm 中获取这些信息。在这个意义上说，Realm 本质上是一个特定安全的 DAO。它封装了数据源的连接详细信息，使 Shiro 所需的相关数据可用。但当配置 Shiro 时，就必须至少指定一个 Realm 用来进行身份验证和 / 或授权。SecurityManager 可能配置多个 Realm，但至少要有一个。Shiro 提供了立即可用的 Realm 来连接一些安全数据源，如 LDAP、关系数据库（JDBC）、类似 INI 的文本配置源以及属性文件等。如果默认的 Realm 不符合用户的需求，用户还可以自定义 Realm 实现来对接自己的数据源。后面可以看到 ODL 里实现的 MdsalRealm 就是对接的 ODL 的 datastore。

接下来我们来看下 Shiro 的内部架构，如图 11-3 所示。

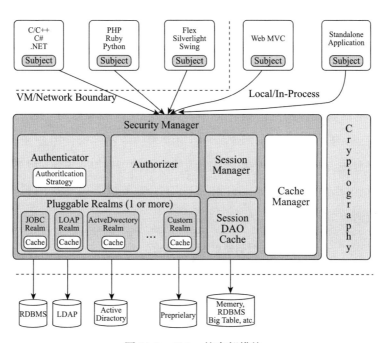

图 11-3　Shiro 的内部模块

❑ Authenticator：认证器，负责 Subject 认证。Shiro 提供的 ModularRealmAuthenticator 能满足大多数场景的需求，但如果用户觉得 Shiro 默认的实现不好，还可以自定义实现认证器，不过需要配置认证策略（Authentication Strategy），即什么情况下算用户认证通过。后面会讲到 Shiro 实现默认的 3 种策略。

❑ Authorizer：授权器，或称访问控制器，用来决定主体是否有权限进行相应的操作，即控制着用户能访问应用中的哪些功能。

❑ SessionManager：如果写过 Servlet 的人应该知道 Session 的概念，Session 需要有工具去管理它的生命周期，在 Shiro 中，这个工具就是组件 SessionManager。而 Shiro 不仅可以用在 Web 环境，还可以用在普通的 Java SE 环境、EJB 等环境，所以，Shiro 就抽象了一个自己的 Session 来管理主体与应用之间交互的数据。

❑ CacheManager：缓存控制器，用来管理用户、角色、权限等的缓存。因为这些数据基本上很少改变，放到缓存中后可以提高访问的性能。

❑ Cryptography：密码模块，Shiro 提供了一些常见的加密组件用于密码加密 / 解密等。ODL 的 AAA 虽然目前还是用的自己实现的加密服务，但已计划迁移到 Shiro 的实现。

11.1.3 Shiro 核心处理流程

1. Shiro 框架的配置与加载

Shiro 被设计成能够在任何环境下工作，从最简单的命令行应用程序，到最大的企业群集应用。Shiro 的 SecurityManager 实现及所支持的组件都是兼容 JavaBean 的，这使得 Shiro 几乎能使用任何配置格式，如 regular Java、XML、YAML、JSON、Groovy Builder markup、INI 等。由于 INI 文件易于阅读、使用简单、依赖性低，因此 Shiro 通过基于文本的 INI 配置文件成为被大家普遍接受的默认使用方式。在引入 Shiro 框架后的最初几个 ODL 版本，就是使用配置文件 shiro.ini 对 Shiro 进行配置的。先来看一下 shiro.ini 这个文件的内容如代码清单 11-1 所示。

代码清单 11-1　shiro.ini

```
[main]
# This realm is enabled by default, and utilizes h2-store by default.
tokenAuthRealm = org.opendaylight.AAA.shiro.realm.TokenAuthRealm
securityManager.realms = $tokenAuthRealm
authcBasic = org.opendaylight.AAA.shiro.filters.ODLHttpAuthenticationFilter
accountingListener = org.opendaylight.AAA.shiro.filters.AuthenticationListener
securityManager.authenticator.authenticationListeners = $accountingListener

# Filter to support dynamic urls rules based on md-sal model
dynamicAuthorization = org.opendaylight.AAA.shiro.realm.MDSALDynamicAuthorizationFilter

[urls]
/v1/** = authcBasic, roles[admin], dynamicAuthorization
```

```
# Restrict AAA-Certificate REST APIs to Admin role
/config/AAA-cert-mdsal** = authcBasic, roles[admin]
/operational/AAA-cert-mdsal** = authcBasic, roles[admin]
/operations/AAA-cert-rpc** = authcBasic, roles[admin]
......
# General access through AAAFilter requires valid credentials (AuthN only).
/** = authcBasic, dynamicAuthorization
```

Shiro 的 INI 配置内容主要分为 4 大类：main、users、roles 和 urls。main 主要配置 shiro 的一些对象，例如 SecurityManager、Realm、Authenticator、AuthStrategy 等；users 配置静态用户；roles 把角色和权限关联起来；urls 主要在 Web 应用中使用，用以配置 url 路径所需的授权过滤器。Shiro 提供的默认 Filter 见表 11-1。

表 11-1　Shiro 中提供的默认的过滤器

Filter 名称	类
anon	org.apache.shiro.web.filter.authc.AnonymousFilter
authc	org.apache.shiro.web.filter.authc.FormAuthenticationFilter
authBasic	org.apache.shiro.web.filter.authc.BasicHttpAuthenticationFilter
logout	org.apache.shiro.web.filter.authc.LogoutFilter
noSessionCreation	org.apache.shiro.web.filter.session.NoSessionCreationFilter
perms	org.apache.shiro.web.filter.authz.PermissionsAuthorizationFilter
port	org.apache.shiro.web.filter.authz.PortFilter
rest	org.apache.shiro.web.filter.authz.HttpMethodPermissionFilter
roles	org.apache.shiro.web.filter.authz.RolesAuthorizationFilter
ssl	org.apache.shiro.web.filter.authz.SslFilter
user	org.apache.shiro.web.filter.authc.UserFilter

可以同时注册多个 Filter，每个 Filter 都可以对一个或一组资源的访问进行拦截。如果有多个 Filter，则都可以对某个资源的访问过程进行拦截，Web 容器将把这些 Filter 组合成一个 FilterChain（也叫过滤器链）。

那么如何把 Shiro 加载到 Web 容器中呢？将 Shiro 集成到任何 Web 应用程序的最简单的方法是在 web.xml 中配置 ContextListener 和 Filter。一般来说，Web 容器会提供一些监听器，用于监听 Web 应用的生命周期事件，当 Web 应用启动或关闭的时候，监听器还可以做一些相应的处理，比如 Java EE 规范提供的 ServletContextListener 接口就是这样的监听器。Shiro 的 EnvironmentLoaderListener 就是一个典型的 ServletContextListener，它是整个 Shiro Web 应用的入口。在 Web 应用的配置文件 web.xml 中，参考配置如代码清单 11-2 所示。

```xml
<listener>
    <listener-class>org.apache.shiro.web.env.EnvironmentLoaderListener</listener-class>
    </listener>
...
    <filter>
    <filter-name>ShiroFilter</filter-name>
        <filter-class>org.opendaylight.AAA.shiro.filters.AAAFilter</filter-class>
</filter>

    <filter-mapping>
        <filter-name>ShiroFilter</filter-name>
        <url-pattern>/*</url-pattern>
    </filter-mapping>

    <filter>
        <filter-name>DynamicFilterChain</filter-name>
<filter-class>org.opendaylight.AAA.filterchain.filters.CustomFilterAdapter</filter-
    class>
    </filter>

    <filter-mapping>
        <filter-name>DynamicFilterChain</filter-name>
        <url-pattern>/*</url-pattern>
    </filter-mapping>
......
```

下面是上述配置所做的事情。

❑ EnvironmentLoaderListener 初始化了一个 Shiro WebEnvironment 实例，该实例默认为通过前面的 INI 配置文件作为配置的 IniWebEnvironment 实例（其中包含 Shiro 框架所有的对象实例，包括 SecurityManager），使得它在 ServletContext 中能够被访问。如果需要在任何时候获得 WebEnvironment 实例，还可以调用 WebUtils. getRequiredWebEnvironment（ServletContext）。

❑ ShiroFilter 将使用此 WebEnvironment 对任何过滤的请求执行所有必要的安全操作。

❑ filter-mapping 的定义确保了所有的请求被 ShiroFilter 所过滤，以确保任何请求都是安全的。

2. Authentication

Authentication 是指身份验证，即验证一个用户实际上是不是他所声称的身份。一个用户要想证明自己的身份，需要提供一些身份识别信息，以及某些他的系统能够理解和信任的身份证明。Shiro 根据用户提交的身份和凭证，来判断它们是否和应用程序预期的相匹配。

Principal（身份）是 Subject 的标识属性。Principal 可以是任何能够证明 Subject 的东西，如名、姓氏、用户名、身份证号等。当然像姓氏这样的 Principal 用来标识 Subject 并不是很好，用来进行身份验证的 Principal 是最好对应用程序来说独一无二的，通常是用户名或电子邮件地址。虽然 Shiro 可以代表任意数量的 Principal，但 Shiro 期望应用程序有一个确切的主要 Principal——一个单一的值在应用程序内部唯一标识 Subject。这通常是一个用户名、电子邮件地址或者在大多数应用中的全球唯一用户 ID。

Credential（凭证）通常是只被 Subject 知道的秘密值，它用来作为一种起支持作用的证据，此证据事实上包含着所谓的身份证明。常见的 Credential 有密码、生物特征数据（如指纹和视网膜扫描）以及 X.509 证书。

最常见的 Principal/Credential 配对例子是用户名和密码。用户名是所声称的身份，密码是匹配所声称的身份的证明。如果提交的密码与应用程序所期望的相匹配，则应用程序可以较大程度上验证用户真的是他们所声称的身份，因为其他人都应该不知道同样的密码。

图 11-4 给出了 Shiro 的认证过程中涉及的核心组件和主要步骤。

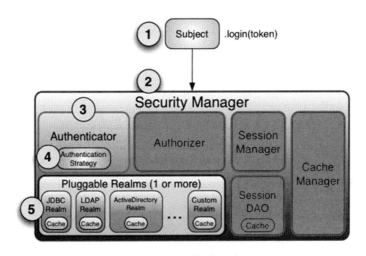

图 11-4　Shiro 的认证过程

以上步骤，说明如下：

1）应用程序代码调用 SecurityUtils.getSubject() 方法获取 Subject，然后调用 Subject.login 方法，传递创建好的包含终端用户 Principal（身份）和 Credential（凭证）的 AuthenticationToken 实例。

2）Subject 实例，通常是 DelegatingSubject（或子类）委托应用程序的 SecurityManager 通过调用 securityManager.login（token）开始进行真正的验证工作。

3）SubjectManager 作为一个基本的"防护伞"，用来接收 token 以及简单地委托给内部的 Authenticator 实例调用 authenticate（token）。这通常是一个 ModularRealmAuthenticator 实例，支持在身份验证中协调一个或多个 Realm 实例。

4）如果应用程序中配置了一个以上的 Realm，ModularRealmAuthenticator 实例将利用配置好的 AuthenticationStrategy 来启动 Multi-Realm 的认证尝试。在 Realm 被身份验证调用之前、期间和以后，AuthenticationStrategy 都会被调用，使其能够对每个 Realm 的结果作出反应。

📱**注意** 如果应用程序中仅配置了一个 Realm，则 Realm 将被直接调用而无须再配置认证策略。

5）每个配置的 Realm 用来帮助看它是否支持提交的 AuthenticationToken。如果支持，则支持 Realm 的 getAuthenticationInfo 方法将会伴随着提交的 token 被调用。getAuthenticationInfo 方法代表了一个特定 Realm 的单一身份验证尝试。

当一个应用程序配置了两个或两个以上的 Realm 时，ModularRealmAuthenticator 会依靠内部的 AuthenticationStrategy 组件来确定这些认证尝试的成功或失败条件。Shiro 有 3 个具体的 AuthenticationStrategy 实现，见表 11-2。

表 11-2　AuthenticationStrategy 实现

AuthenticationStrategy 类	功 能 描 述
AtLeastOneSuccessfulStrategy	AtLeastOneSuccessfulStrategy 如果一个（或更多）Realm 验证成功，则整体的尝试被认为是成功的；如果没有一个验证成功，则整体尝试失败
FirstSuccessfulStrategy	只有第一个成功验证的 Realm 返回的信息将被使用之后的所有 Realm 将被忽略；如果没有一个验证成功，则整体尝试失败
AllSucessfulStrategy	为了整体的尝试成功，所有配置的 Realm 都必须验证成功；如果没有一个验证成功，则整体尝试失败

ModularRealmAuthenticator 默认采用的是 AtLeastOneSuccessfulStrategy 实现，因为这是最常见的方案。当然，如果需要，可以配置不同的方案。

需要指出非常重要的一点是，ModularRealmAuthenticator 将与 Realm 实例迭代进行交互。在 SecurityManager 中已经配置好了 ModularRealmAuthenticator 对 Realm 实例的访问。当执行一个认证尝试时，它就会遍历该集合，并对每一个支持提交 AuthenticationToken 的

Realm 调用 getAuthenticationInfo 方法。因此，如果 Realm 的顺序对你使用的认证策略结果有影响，那么你应该在配置文件中明确定义 Realm 的顺序。

3. Authorization

Authorization（授权，鉴权）又称作访问控制，是对资源的访问进行管理的过程，换句话说，是控制谁有权限在应用程序中做什么。授权有 3 个核心元素：权限、角色和用户。

（1）权限

权限是 Shiro 安全机制中最核心的元素。它在应用程序中明确地声明了被允许的行为和表现。一个格式良好的权限声明可以清晰表达出用户对该资源所拥有的权限。大多数资源会支持典型的 CRUD 操作（Create、Read、Update、Delete），但是任何操作只有建立在特定的资源上才是有意义的。因此，权限声明的根本思想就是建立在资源以及操作上。但通过权限声明仅能了解这个权限可以在应用程序中做些什么，而不能确定谁拥有此权限。于是，就需要在应用程序中对用户和权限建立关联。通常的做法就是将权限分配给某个角色，然后将这个角色关联到一个或多个用户。

（2）角色

角色，通常代表一组行为或职责，这些行为演化为在一个软件应用中能或者不能做的事情。角色通常是分配给用户账户的，因此，通过分配，用户能够"做"的事情可以归属于各种角色。

Shiro 支持两种角色模式：

1）隐式角色：一个角色默认就代表着一系列操作，当需要对某一操作进行授权验证时，只需判断是否是该角色即可。例如，Windows 操作系统的 Administrator 和 Guest 就是隐式角色。这种角色权限相对简单、模糊，不利于扩展。

2）显式角色：一个角色拥有一个权限的集合。授权验证时，需要判断当前角色是否拥有该权限。这种角色权限可以对该角色进行详细的权限描述，从而适合更复杂的权限设计。Shiro 团队提倡使用显式角色。

❑ 用户

用户实质上是指与应用程序有关的人。正如我们已经讨论的，Subject 才是 Shiro 的"用户"概念。用户能在你的应用程序中执行哪些操作，是通过与他们的角色相关联的权限来控制的。

图 11-5 是 Shiro 在授权执行过程中涉及的核心组件及主要步骤。

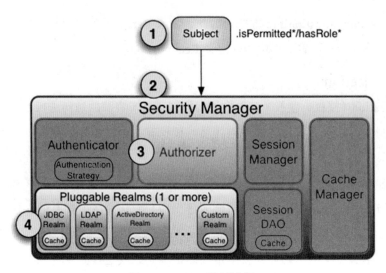

图 11-5　Shiro 鉴权过程

1）应用程序或框架代码调用 SecurityUtils.getSubject() 方法获取 Subject，然后调用任何 Subject 的 hasRole*、checkRole*、isPermitted* 或 checkPermission* 方法的变体，传递任何所需的权限或角色代表。

2）Subject 的实例，通常是 DelegatingSubject（或子类）调用 SecurityManager 的几乎相同的 hasRole*、checkRole*、isPermitted* 或 checkPermission* 方法。

3）SecurityManager，作为一个基本的"保护伞"组件，通过调用 Authorizer 实例的 hasRole*、checkRole*、isPermitted*，或 checkPermission* 方法。默认情况下，Authorizer 实例是一个 ModularRealmAuthorizer 实例，它支持协调任何授权操作过程中的一个或多个 Realm 实例。

4）每个配置好的 Realm 被检查是否实现了相同的 Authorizer 接口。如果是，Realm 的 hasRole*、checkRole*、isPermitted* 或 checkPermission* 方法将被调用。

如上所述，SecurityManager 的实现默认是使用一个 ModularRealmAuthorizer 实例。ModularRealmAuthorizer 同样支持一个或多个 Realm 的应用。对于任何授权操作，ModularRealmAuthorizer 将遍历其内部的 Realm 集合，并按迭代顺序与每一个进行交互。

11.2　AAA 实现原理

11.2.1　Shiro 配置优化

前文介绍了 Shiro 框架的初始化配置一般采用 INI 文件，但 INI 配置文件的缺点是不支持分布式，修改配置后，必须重启系统。因此，从 ODL 的氮版本后，shiro.ini 配置文件被废弃，改用 ODL 提供的基于 DataStore 的配置，即 clustered-app-config 方式。Shiro 配置的 YANG 模型可参考文件 AAA/AAA-shiro/api/src/main/yang/AAA-app-config.yang，这个 YANG 模型是按照原来的 shiro.ini 配置文件的结构设计的。Shiro 的配置改为 DataStore 方式后，这部分配置数据可以直接按照 YANG 模型写入数据库。AAA-app-config.yang 中只保留了 main 和 urls 两部分配置，roles 和 users 配置被建模在另外一个 YANG 模型中（AAA.yang），11.2.2 节中会介绍。

　　ODL 通过文件 AAA-app-config.xml 给出 Shiro 框架的初始化配置，初始配置如代码清单 11-3 所示。

代码清单 11-3　　Shiro 初始配置

```
<shiro-configuration xmlns="urn:opendaylight:AAA:app:config">
    <main>
        <pair-key>tokenAuthRealm</pair-key>
        <pair-value>org.opendaylight.AAA.shiro.realm.TokenAuthRealm</pair-value>
    </main>
    <main>
        <pair-key>securityManager.realms</pair-key>
        <pair-value>$tokenAuthRealm</pair-value>
    </main>
    <!-- Used to support OAuth2 use case. -->
    <main>
        <pair-key>authcBasic</pair-key>
        <pair-value>org.opendaylight.AAA.shiro.filters.ODLHttpAuthenticationFilter</
            pair-value>
    </main>
    <main>
        <pair-key>accountingListener</pair-key>
        <pair-value>org.opendaylight.AAA.shiro.filters.AuthenticationListener</pair-
            value>
    </main>
    <main>
        <pair-key>securityManager.authenticator.authenticationListeners</pair-key>
        <pair-value>$accountingListener</pair-value>
    </main>

    <!-- Model based authorization scheme supporting RBAC for REST endpoints -->
    <main>
        <pair-key>dynamicAuthorization</pair-key>
        <pair-value>org.opendaylight.AAA.shiro.realm.MDSALDynamicAuthorizationFilter
            </pair-value>
    </main>
```

```
    <urls>
        <pair-key>/operations/cluster-admin**</pair-key>
        <pair-value>authcBasic, roles[admin]</pair-value>
    </urls>
    <urls>
        <pair-key>/v1/**</pair-key>
        <pair-value>authcBasic, roles[admin]</pair-value>
    </urls>
    <urls>
        <pair-key>/config/AAA*/**</pair-key>
        <pair-value>authcBasic, roles[admin]</pair-value>
    </urls>
    <urls>
        <pair-key>/**</pair-key>
        <pair-value>authcBasic</pair-value>
    </urls>
</shiro-configuration>
```

代码清单 11-3 中的初始配置 XML 文件只有在 DataStore 中没有 Shiro 的配置时才会生效，如果 DataStore 中写入了配置，则以 DataStore 为准。

另外，在 AAA 项目中，设计了 ShiroWebEnvironmentLoaderListener 类，该类继承自 Shiro 中的 EnvironmentLoaderListener。从氟版本开始，使用 WebInitializer 类替代了原来的 web.xml 文件，采用代码方式来注册该监听器。ODL 中 Shiro 框架在 Web 容器中的初始化流程图如图 11-6 所示。

11.2.2 Realm 的 8 个实现

在 11.2.1 节中介绍过，在 Shiro 的认证、授权内部实现机制中，SecurityManager 最终都会调用 Realm。因为在 Shiro 中，最终是通过 Realm 来获取应用程序中的用户、角色及权限信息的。通常情况下，在 Realm 中会直接从数据源中获取 Shiro 需要的验证信息。而实现自定义 Realm 的主要方法就是继承 Shiro 中提供的 AuthorizingRealm 基类（如果只是认证、继承 AuthenticatingRealm 即可），实现下面两个抽象方法：

```
protected abstract AuthenticationInfo doGet
    AuthenticationInfo(AuthenticationToken
    var1) throws AuthenticationException;
protected abstract AuthorizationInfo doGetAut
    horizationInfo(PrincipalCollection var1);
```

图 11-6 Shiro 框架在 Web 应用中的加载流程

下面分别介绍下 AAA 项目中的 8 个 Realm 实现。

❏ TokenAuthRealm

基于 Java 语言实现的嵌入式单机数据库 H2 实现的 Realm。使用该 Realm 的优势是不依赖其他外部的服务，开箱即用。这个 Realm 在 ODL 中作为默认 Realm 实现。创建 H2 数据库表时默认添加一个管理员用户 admin，密码 admin。

该 Realm 实现不支持集群，如果要在集群环境中使用，必须通过其他方式实现 H2 数据的同步（比如把集群节点的数据库文件 /data/idmlight.db.mv.db 手工复制到其他集群节点）。ODL 的 AAA 子项目提供了 bin/idmtool 工具来操作 H2 数据库，配置用户信息。可以执行命令 python idmtool --help 查看使用帮助。

❏ ODLJndiLdapRealm

通过 LDAP 服务器获取用户认证及鉴权信息，这些信息将会转化为 ODL 中的角色信息。如果已经有 LDAP 服务器，且已定义了某类用户的访问权限，则使用这个 Realm 实现就比较合适。因为该 Realm 要依赖外部的 LDAP 服务器，所以无法开箱即用。

❏ ODLJndiLdapRealmAuthNOnly

与 ODLJndiLdapRealm 实现类似，但只有用户认证而不包括鉴权，且所有用户的权限是相同的。无法开箱即用。

❏ ODLActiveDirectoryRealm

继承自 Shiro 中默认实现的 ActiveDirectoryRealm，没有提供额外功能，只是为了与其他 Realm 实现放在同一个包路径下，方便在 Servlet 中配置使用。无法开箱即用。

❏ KeystoneAuthRealm

该 Realm 实现使用 OpenStack 的 Keystone 服务，目前实现支持 Keystone 的 API v3 或以后版本。无法开箱即用。

❏ ODLJdbcRealm

继承自 Shiro 提供的通用的 JdbcRealm 实现，没有提供额外功能，实现目的与 ODLActive-DirectoryRealm 相同。

❏ MoonRealm

该 Realm 实现对接 OPNFV/moon 平台，方便与 OPNFV 系统集成。

❏ MdsalRealm

ODL 是模型驱动的架构，对于用 YANG 语言设计的模型，MD-SAL 提供的基础服务为应用提供了基于模型的数据存储和消息传送机制。MdsalRealm 就是基于 MD-SAL Datastore

实现的，用户权限的 YANG 模型可以参见文件 AAA/AAA-shiro/api/src/main/yang/AAA.
yang，该 YANG 模型对于权限模型的设计可用图 11-7 示意。

如图 11-7 所示，AAA.yang 中，设计了两个 container——
authentication 和 http-authorization。authentication 下面包含 4
个子 container，domains、users、roles 和 grants，分别代表域信
息、用户信息、角色信息和用户与角色的关联信息、以上信息在
子 container 内部都是按照列表组织的。http-authorization 包含一个
子 container，即 policies。policies 内部字段包含资源的 URL 路径、
对该资源具有权限的角色及具体权限操作列表（get、put、post、
delete、patch）。用户及其权限信息最终都可以通过 DataStore 来保存和管理，不需要在 Shiro
框架的初始化配置中添加。

图 11-7　权限模型示意图

MdsalRealm 基于上述模型，可以把用户权限信息配置保存在 MD-SAL 的 DataStore
中。但目前 ODL 发布的最新版本中，配置 Shiro 使用 MdsalRealm 后，并没有创建默认用
户，还需要开发者在系统初始化阶段添加代码逻辑实现才能使用。

MdsalRealm 与 ODL 本身是浑然天成的，且支持集群，后续应该会成为社区的默认
配置。

11.2.3　Filter 的实现

前文已经介绍过，Filter 是 Shiro 框架在 Web 应用中的门面，因为它拦截了所有的请求，
后面是需要 Authentication（认证）还是需要 Authorization（授权），是否允许访问都由它说
了算。

在 AAA 子项目中，为了支持 OAuth2，对 authBasic 这个 Filter 做了重新实现，如代码
清单 11-4 所示。

代码清单 11-4　ODLHttpAuthenticationFilter.java

```
public class ODLHttpAuthenticationFilter extends BasicHttpAuthenticationFilter {
    private static final Logger LOG = LoggerFactory.getLogger(ODLHttpAuthentication
        Filter.class);

    // defined in lower-case for more efficient string comparison
    protected static final String BEARER_SCHEME = "bearer";

    protected static final String OPTIONS_HEADER = "OPTIONS";
```

```
public ODLHttpAuthenticationFilter() {
    LOG.info("Creating the ODLHttpAuthenticationFilter");
}

@Override
protected String[] getPrincipalsAndCredentials(String scheme, String encoded) {
    final String decoded = Base64.decodeToString(encoded);
    // attempt to decode username/password; otherwise decode as token
    if (decoded.contains(":")) {
        return decoded.split(":");
    }
    return new String[] { encoded };
}

@Override
protected boolean isLoginAttempt(String authzHeader) {
    final String authzScheme = getAuthzScheme().toLowerCase(Locale.ROOT);
    final String authzHeaderLowerCase = authzHeader.toLowerCase(Locale.ROOT);
    return authzHeaderLowerCase.startsWith(authzScheme)
            || authzHeaderLowerCase.startsWith(BEARER_SCHEME);
}

@Override
protected boolean isAccessAllowed(ServletRequest request, ServletResponse response,
        Object mappedValue) {
    final HttpServletRequest httpRequest = WebUtils.toHttp(request);
    final String httpMethod = httpRequest.getMethod();
    if (OPTIONS_HEADER.equalsIgnoreCase(httpMethod)) {
        return true;
    } else {
        return super.isAccessAllowed(httpRequest, response, mappedValue);
    }
}
}
```

前面的 Shiro 的初始化配置中，如下配置就是用该实现替换了 Shiro 原来的 authBasic 的默认实现。如果不想支持 OAuth2，在初始化配置文件中，注释掉这段配置即可。

```
<main>
    <pair-key>authcBasic</pair-key>
    <pair-value>org.opendaylight.AAA.shiro.filters.ODLHttpAuthenticationFilter</pair-value>
</main>
```

在前面的配置里，还有一个 Filter，就是 MDSALDynamicAuthorizationFilter。这个 Filter 使用了 AAA.yang 建的模型，用户可以在 DataStore 里动态配置权限信息（container http-authorization），这个 Filter 在处理用户请求时，会读取 DataStore 里的配置数据，进行鉴权。

该 Filter 必须配置在 authcBasic 之后。

　　除此之外，AAA 项目里还实现了一个 FilterChain，即 AAAFilterChain。该类与 CustomFilterAdapter 配合重建了原生的 FilterChain 的责任链模式，允许通过编程的方式注入 Filter，被注入的 Filter 一起被创建为 AAAFilterChain 的对象。在 Filter 处理时，先处理这些 Filter，处理完之后，再交给原来的 FilterChain 里的 Filter 处理。用户可以通过配置文件 etc/org.opendaylight.AAA.filterchain.cfg 配置想注入的 Filter 列表。这样的设计增加了系统的灵活性和扩展性。

11.2.4　加解密服务

　　AAA 子项目中定义了一个加解密的服务接口 AAAEncryptionService，接口源码如代码清单 11-5 所示。

代码清单 11-5　AAAEncryptionService.java

```
public interface AAAEncryptionService {

    /**
     * Encrypt <code>data</code> using a 2-way encryption mechanism.
     *
     * @param data plaintext data
     * @return an encrypted representation of <code>data</code>
     */
    String encrypt(String data);

    /**
     * Encrypt <code>data</code> using a 2-way encryption mechanism.
     *
     * @param data plaintext data
     * @return an encrypted representation of <code>data</code>
     */
    byte[] encrypt(byte[] data);

    /**
     * Decrypt <code>data</code> using a 2-way decryption mechanism.
     *
     * @param encryptedData encrypted data
     * @return plaintext <code>data</code>
     */
    String decrypt(String encryptedData);

    /**
     * Decrypt <code>data</code> using a 2-way decryption mechanism.
```

```
     *
     * @param encryptedData encrypted data
     * @return plaintext <code>data</code>
     */
    byte[] decrypt(byte[] encryptedData);
}
```

AAAEncryptionService 接口的实现类现在已经被标为 Deprecated（不建议使用），后续会基于 Shiro 进行实现。该服务被发布为 OSGi 内的服务，如果需要使用加解密服务，可以直接引用该服务。

除了上面介绍的加解密服务，AAA 项目中还定义了一个服务接口 PasswordHashService。这个服务是计算密码字符串的 hash 值的，把密码的 hash 字符串保存到 DataStore 中。在比较密码时，也是通过比较两个密码的 hash 值是否相等实现的。接口 PasswordHashService 的定义比较简单，源码如代码清单 11-6 所示。

代码清单 11-6　PasswordHashService.java

```
@Beta
public interface PasswordHashService {

    /**
     * Extract a hashed password using a randomly generated salt.
     *
     * @param password a plaintext password
     * @return the result of hashing the password
     */
    PasswordHash getPasswordHash(String password);

    /**
     * Extract a hashed password using an input salt.
     *
     * @param password a plaintext password
     * @param salt the hash for <code>password</code>
     * @return the result of hashing the password
     */
    PasswordHash getPasswordHash(String password, String salt);

    /**
     * Password comparison.
     *
     * @param plaintext the &quot;input&quot; password in plaintext
     * @param stored the Base64-encoded stored password
     * @param salt the salt used to originally encode <code>stored</code>
     * @return whether or not the passwords match
     */
```

```
    boolean passwordsMatch(String plaintext, String stored, String salt);
}
```

PasswordHashService 接口定义中，salt 是在对某个密码进行 Hash 时，随机产生的一个值，salt 值会与密码的 hash 值一起保存在 Datastore 中。采用密码 +salt 值一起求取 Hash 值，避免了相同密码计算出相同 Hash 值的问题，大大降低了密码被暴力攻击的可能。

11.2.5　数字证书管理

数据加密是为了防止信息被人窃取，数字证书的目的是确保公钥不被冒充。数字证书是经过权威机构（CA）认证的公钥，通过查看数字证书，可以知道该证书是由哪家权威机构签发的，证书使用人的信息以及使用人的公钥。

AAA 子项目中提供的证书管理服务用于管理 ODL 发布版本中的密钥库和证书，以便轻松提供 TLS 通信。证书管理服务在 configuration/ssl/directory 下将密钥（ODL&Trust）存储为 .jks 文件。此外，在集群环境下运行 ODL 版本时，可以将密钥存储在 MD-SAL Datastore 中。当密钥存储在 MD-SAL 中时，证书管理服务依赖于 AAAEncryptionService 服务来加密密钥存储数据，然后将其存储到 MD-SAL 中并在运行时解密。

数字证书管理服务接口为 ICertificateManager，该接口的源码定义如代码清单 11-7 所示。

代码清单 11-7　ICertificateManager.java

```java
public interface ICertificateManager {

    KeyStore getODLKeyStore();

    KeyStore getTrustKeyStore();

    String[] getCipherSuites();

    String[] getTlsProtocols();

    @NonNull String getCertificateTrustStore(@NonNull String storePasswd, @NonNull
        String alias, boolean withTag);

    @NonNull String getODLKeyStoreCertificate(@NonNull String storePasswd, boolean
        withTag);

    @NonNull String genODLKeyStoreCertificateReq(@NonNull String storePasswd, boolean
        withTag);

    SSLContext getServerContext();
```

```
boolean importSslDataKeystores(@NonNull String odlKeystoreName, @NonNull
    String odlKeystorePwd,
                    @NonNull String odlKeystoreAlias, @NonNull String trust
                        KeystoreName,
                    @NonNull String trustKeystorePwd, @NonNull String[]
                        cipherSuites,
                    @NonNull String tlsProtocols);

void exportSslDataKeystores();
}
```

ICertificateManager 服务接口的方法看方法名应该也比较清楚了，该服务已被发布为 OSGi 的 Service，可以直接获取该服务使用。

11.3　本章小结

本章介绍了 ODL 的 AAA 子项目，该子项目基于 Shiro 提供了一个灵活、易用、可扩展的框架。另外，还介绍了 AAA 子项目提供的几个安全性相关的服务。当然，安全性其实是一个非常复杂的课题，限于篇幅，本章对于很多内容没有展开论述，如果有需要或感兴趣，读者可以阅读安全领域的专业书籍。

一般来说，开源项目在安全性上有一个很大优势：任何人都可以发现并汇报漏洞，而且我们可以利用各公司内的大量专家和开发人员来讨论和修复漏洞，通过社区可以看到这些问题是如何透明地解决的，并且了解问题是否真的得到了解决。

Chapter 12 | 第 12 章

RESTCONF

RESTCONF 是一个 IETF 规范, RFC 8040 文档定义了 RESTCONF 协议规范, 该协议文档描述了如何将 YANG 规范映射到运行于 HTTP 协议之上的 RESTful 接口。RESTCONF 作为 ODL 平台提供的主要的北向接口形式, 应用非常广泛, 几乎所有的北向 WEB 应用都可以基于 RESTCONF 接口来实现。

说起 RESTful Service, 可以先来理解一下它的基本概念: 它是用于创建分布式超文本媒体的一种架构方式, 可以通过标准的 HTTP (GET、POST、PUT、DELETE) 操作来构建面向资源的架构 (Resource-Oriented Architecture, ROA)。它是独立于任何技术或者平台的, 所以人们经常将符合这种操作规范的服务称为 "RESTful Service"。其本质是一种通过标准的 HTTP 操作、通过规定的访问路径来获取资源的方式。RESTful 设计准则是, 网络上的所有事物都可以被抽象为资源, 通过统一资源标识符 (URI) 来识别和定位资源。每个资源都有唯一的资源标识, 对资源的操作不会改变这些标识。RESTful 设计架构遵循 CRUD 原则, 针对这些资源执行的操作使用和请求方法, 所有的操作都是无状态的, 没有上下文的约束。

本章我们先来学习 RFC 8040 的核心内容, 再结合 ODL 的 restconf 模块的源码, 来讲解 ODL 中北向接口 RESTCONF 的实现原理。

12.1 RFC 8040 解读

图 12-1 是 RESTCONF 协议规范文档的提交、完善、发布的过程。

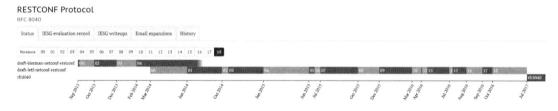

图 12-1　RFC 8040 协议文档的发布

首个 RESTCONF 协议规范草案的提交日期与 ODL 项目的成立日期为同一年，都是 2013 年，ODL 中实现的 RESTCONF 功能最初是基于 draft-bierman-netconf- restconf 02 这个文档的。但到 2014 年，上述草案名称被改为 draft-ietf-netconf-restconf。并在修改了 19 个版本后，于 2017 年，draft-ietf-netconf-restconf 18 才被正式发布为 RFC 8040。RFC 8040 发布后，ODL 社区按照该规范文档重新实现了 RESTCONF 北向接口功能，但考虑到兼容性和早期用户的使用习惯，仍然保留原来的实现。因此，ODL 中的 RESTCONF 接口其实有两套同时在工作，但从长期来看，最终会统一到 RFC 8040 的实现上。

RESTCONF 使用 HTTP 方法在依据 YANG 语言定义数据的概念数据存储上提供 CRUD 操作，RESTCONF 将 HTTP 的简单性与模型驱动的 API 的可预测性和可自动化能力相结合。使 RESTCONF 数据存储编辑模型简单而直接，通过 YANG 模型，客户端可以获得所有的管理资源 URL 以及所有的 RESTCONF 请求和响应的结构。

下面来分别看一下 RESTCONF 协议中定义的方法操作，消息交互及资源定义这 3 个方面的核心内容。

12.1.1　操作

RESTCONF 协议使用 HTTP 方法来标识为特定资源请求的 CRUD 操作。表 12-1 给出了 RESTCONF 中所定义方法的操作含义及其与 NETCONF 协议操作的对照。

表 12-1　RESTCONF 与 NETCONF 的对照

RESTCONF	操 作 含 义	NETCONF
OPTIONS	OPTIONS 方法由客户端发送，来发现对于某些资源，服务器所支持的方法操作（例如 GET、POST、DELETE）	None
HEAD	HEAD 方法由客户端发送，以获取对应的 GET 消息的头部字段（包含资源的元数据），但不包括响应消息体。所有支持 GET 方法的资源都支持 HEAD 方法	\<get-config>、\<get>
GET	GET 方法由客户端发送，以检索资源的数据和元数据。除操作资源外，所有资源类型均受支持	\<get-config>、\<get>

（续）

RESTCONF	操 作 含 义	NETCONF
POST	客户端发送 POST 方法来创建数据资源	<edit-config>(nv:operation="create")
POST	客户端发送 POST 方法来调用操作资源	Invoke an RPC operation
PUT		<copy-config>(PUT on datastore)
PUT	PUT 方法由客户端发送以创建或替换目标数据资源。请求消息体必须包含消息体，代表新的数据资源，否则服务器必须返回一个"400 Bad Request"状态行	<edit-config>(nv:operation="create/replace")
PATCH	补丁方法，由客户端发送。普通补丁可用于创建或更新目标资源中的子资源，但不能删除它们	<edit-config>(nv:operation depends on PATCH content)
DELETE	DELETE 方法用于删除目标资源。如果 DELETE 请求成功，则返回"204 No Content"状态行	<edit-config>(nv:operation="delete")

　　POST 和 PUT 方法都可以用来创建数据资源。不同的是，对于 POST，客户端将不提供被创建资源的资源标识符。POST 方法创建资源的目标资源是新资源的父资源，而 PUT 方法创建资源的目标资源是新资源。

　　HTTP DELETE 方法不支持 NETCONF <edit-config> RPC 操作的"remove"编辑操作属性。资源必须存在，否则 DELETE 方法将失败。PATCH 方法相当于使用普通补丁时的"merge"编辑操作。

12.1.2　消息

　　RESTCONF 协议使用 HTTP 消息。单个 HTTP 消息对应于单个协议方法。多数消息可以在单个资源上执行单个任务，例如检索资源或编辑资源，但 PATCH 方法是个例外，它允许在单个消息中进行多个数据存储区的编辑。

```
    <OP> /<restconf>/<path>?<query>


     ^         ^          ^         ^
     |         |          |         |
   method    entry    resource    query


     M         M          O         O
```

　　M 表示强制的，必需的。O 表示可选的。

　　<OP> 是 HTTP 方法，<restconf> 是 RESTRONF 根资源，<path> 是目标资源 URI，<query> 是查询参数列表。

　　❑ method：对资源的 GET、PUT 等方法操作。

❑ entry：RESTCONF API 的根，在 ODL 中的实现为 /restconf(draft 02) 和 /rests(RFC 8040)。

❑ resource：标识 RESTCONF 操作正在访问的资源的路径表达式。如果该字段不存在，那么目标资源就是 API 本身。

❑ query：参数，RESTCONF 参数具有 " name=value" 这样的键值对的形式。大多数查询参数是可选的，由服务器实现，由客户端可选地使用。

所有的消息都使用 utf-8 字符集，内容以 JSON 或 XML 格式编码。服务器必须支持 XML 或 JSON 编码。同时服务器支持 XML 和 JSON 编码。客户需要同时支持 XML 和 JSON 来与所有 RESTCONF 服务器进行互操作。请求输入内容编码格式用 " Content-Type" 标题字段标识。如果消息体是由客户发送的，那么这个字段必须存在。

服务器必须支持 " Accept" 标题字段，客户端所接受的响应输出内容编码格式通过请求中的 " Accept" 标头字段标识。如果没有指定，则应该使用请求输入编码格式，或者服务器可以选择任何支持的内容编码格式。

每条消息代表某种资源访问。需要为每个请求返回一个 "status line" 的 HTTP 头字段。如果在状态行中返回 "4xx" 或 "5xx" 范围内的状态代码，则根据下面 errors 中定义的格式，错误信息应该返回到响应中。如果在状态行中返回 "1xx""2xx" 或 "3xx" 范围内的状态代码，则不应在响应中返回错误信息，因为这些范围不代表错误状况。

```
+---- errors
   +---- error*
      +---- error-type        enumeration
      +---- error-tag         string
      +---- error-app-tag?    string
      +---- error-path?       instance-identifier
      +---- error-message?    string
      +---- error-info?
```

由于数据存储内容在不可预知的时间发生变化，因此 RESTCONF 服务器的响应通常不应被缓存。服务器必须在每个响应中包含一个 " Cache-Control" 头字段，以指定是否应该缓存响应。

12.1.3　资源

资源可以被视为数据的集合，以及一组该数据允许的方法。它可以包含嵌套的子资源。子资源类型及其允许的方法是特定于数据模型的。资源具有与 Media Type 标识符相关联的表示，如由 HTTP 响应消息中的"Content-Type"头部字段所表示的。资源具有一个或多个表示，每个表示与不同的媒体类型相关联。当在 HTTP 消息中发送资源的表示时，关联的媒体类型会在"Content-Type"报头中给出。资源可以包含零个或多个嵌套的资源。只需要父资源存在，就可以独立于其父资源进行创建和删除资源。RESTCONF 资源通过本文定义的一组 URI 来访问。服务器支持的一组 YANG 模块将确定服务器所支持的特定于数据模型的 RPC 操作、顶级数据节点和事件通知消息。

1. 根资源

根资源也就是 Web 应用的根目录，在 RESTCONF 中一般为 /restconf，在当前的 ODL 实现中，有两个，分别为 /restconf 和 /rests。

2. API 资源

API 资源包含 RESTCONF 数据存储和操作资源的 RESTCONF 根资源。API 资源的 YANG 树图如下：

```
+---- {+restconf}
   +---- data
   |  ...
   +---- operations?
   |  ...
      +--ro yang-library-version    string
```

可以使用 GET 方法来检索 API 资源，如表 12-2 所示。

表 12-2　API 资源

子　资　源	说　　　明
data	包含 YANG 模型中定义的所有的数据资源
operations	YANG 模型中定义的 rpc 或 action 操作
yang-library-version	"ietf-yang-library"模块日期

3. 数据存储资源

"{+restconf}/data"子树表示数据存储资源，它是配置数据和状态数据节点的集合。此资源类型是系统底层数据存储实现的抽象。客户端使用它来编辑和检索数据资源，作为设备上所有配置和状态数据的概念根。

配置编辑事务管理和配置持久性由服务器处理，不受客户端控制。数据存储资源可以直接用 POST 和 PATCH 方法写入。如果服务器支持配置数据的非易失性存储，则数据存储资源的每个 RESTCONF 编辑都将被服务器保存到非易失性存储器中。

如果服务器检索到由"{+restconf}/data"子树表示的数据存储资源，则数据存储及其内容由服务器返回。数据存储由"ietf-restconf"模块名称空间中名为"data"的节点表示。

RESTCONF 中为数据存储资源提供了两种编辑冲突检测和预防机制：时间戳（timestamp）和实体标签（entity-tag）。对于配置数据资源的任何更改都会更新数据存储资源的时间戳和实体标签。另外，如果数据存储由外部源（如 NETCONF 服务器）锁定，那么 RESTCONF 服务器务必返回一个错误。

4. 操作资源

操作资源表示用 YANG 的"rpc"语句定义的 RPC 操作，或者用 YANG 的"action"语句定义的数据模型特定操作。它在操作资源上使用 POST 方法调用。

如果"rpc"或"action"语句具有"input"部分，那么这些输入参数的实例将在定义了"rpc"或"action"语句的模块名称空间中，在名为 XML 的元素或 JSON 对象中对"input"进行编码，它位于定义"rpc"或"action"语句的模块名称空间中。

如果"rpc"或"action"语句中有一个"input"部分，且"input"对象树包含任何被认为是强制节点的子数据节点，则消息体必须由客户端在请求中发送。

如果"rpc"或"action"语句中具有"input"部分，但"input"对象树不包含任何被认为是强制节点的子节点，则客户端可以在请求中发送消息体。

如果"rpc"或"action"语句中没有"input"部分，则请求消息必须不包含消息体。

如果"rpc"或"action"语句中具有"output"部分，那么这些输出参数的实例将在定义了"rpc"或"action"语句的模块名称空间中，编码到名为 XML 的元素或 JSON 对象中的"output"，它位于定义了"rpc"或"action"语句的模块名称空间中。

如果调用 RPC 操作没有错误，且"rpc"或"action"语句中具有"output"部分，并且"output"对象树包含被认为是强制节点的任何子数据节点，则响应消息体务必由服务器在响应中发送。

如果调用 RPC 操作没有错误，且"rpc"或"action"语句具有"output"部分，并且"output"对象树不包含被视为强制节点的任何子节点，则响应消息体可以由服务器在响应中发送。

如果在尝试调用操作或操作时发生了任何错误，则会返回"errors"媒体类型和相应的错误状态。

如果 RPC 操作输入无效或 RPC 操作被调用，但操作发生错误，那么服务器必须发送一个包含"errors"资源的消息体。

如果调用 RPC 操作没有错误，并且"rpc"或"action"语句没有"output"部分，那么响应消息必须不包含消息体，并且必须发送"204 No Content"状态行。

5. Schema 资源

RESTCONF 服务端可以有选择地支持检索它使用的 YANG 模块。YANG Module 信息的模型由 ietf-yang-library.yang 定义，查询时发送到 GET /rests/data/ietf-yang-library:modules-state 进行查询。

6. 事件流资源

事件流资源表示系统生成的事件通知的来源。每个流只由服务器创建和修改。客户端可以检索流资源或发起长轮询服务器发送的事件流。可用的流可以从"stream"列表中检索，该列表指定了流资源的语法和语义。可用消息 GET /rests/data/ietf-restconf-monitoring: restconf-state/streams 查询检索"stream"。

12.2　RESTCONF 的实现

在 ODL 中，RESTCONF 协议实现代码在 netconf 子项目的 restconf 目录下，主要包含两个版本实现：draft-bierman-netconf-restconf 02 和 RFC 8040。下载 netconf 子项目代码后，读者从 restconf 部分的代码目录的名字就可以看出来。这两种实现都是基于 Jersey 框架实现的，只是其资源路径及资源操作方式有少许区别。前一种实现虽然当前默认还在应用，但长期来看应会被淘汰，只保留根据 RFC 8040 的实现。

下面先从 Jersey 框架入手，然后结合 ODL 中按照 RFC 8040 规范实现的源码看看 restconf 模块的具体原理。

12.2.1　Jersey 框架简介

要介绍 Jersey 得先了解 JAX-RS(Java API for RESTful Web Services)，也就是 JSR 311 JAX-RS 的提议始于 2007 年，1.0 版本于 2008 年 10 月定稿。目前，JSR 311 的 1.1 版本还处于草案阶段。该 JSR 的目的是提供一组 API 以简化 REST 样式的 Web 服务的开发。资源是组成 RESTful Web 服务的关键部分。可以使用 HTTP 方法（如 GET、POST、PUT 和

DELETE）来操作资源。在 JAX-RS 中，资源通过 POJO 实现，使用注解组成其标识符。
JAX-RS 中定义的主要注解包括：

❑ @Path：用来映射 URI，为资源类以及资源类中包含的方法提供访问路径，可以包含变量。

❑ @GET：表示处理 HTTP GET 请求的资源类方法。当 Web Service 获得客户端发出的对于某个网络资源的 HTTP GET 操作时，服务器会调用被 @GET 注解后的方法来处理 GET 请求。当然，被调用的资源类方法首先得满足 URI。

❑ @POST：表示处理 HTTP POST 请求的资源类方法。和 @GET 相类似，只不过它对应的是 HTTP POST 操作。

❑ @PUT：表示处理 HTTP PUT 请求的资源类方法。该 Annotation 通常用于更新网络对象的方法。和 @GET、@POST 处理流程相类似。

❑ @DELETE：表示处理 HTTP DELETE 请求的资源类方法。使用该 Annotation 后的方法通常是删除每个网络对象的实例。处理流程和 @GET、@POST、@PUT 相类似。

❑ @HEAD：表示处理 HTTP HEAD 请求的资源类方法。通常情况下，根据 JAX-RS 规范的设定，在没有实现 @HEAD 的资源类方法时，@GET 注解的资源类方法会自动被调用。它和处理普通的 HTTP GET 请求的区别是没有实例被返回。@HEAD 注解的资源类方法通常用来获取 Web Service 能够接收的数据格式。

❑ @Produces：用来表示资源类方法能够返回的 MIME 的媒体类型。

❑ @Consumes：用来表示资源类方法能够处理的 MIME 的媒体类型。

❑ @PathParam：标注方法的参数来自于请求的 URL 路径，参数的名称和 @Path 注解中定义的变量名对应。

❑ @QueryParam：标注方法的参数来自于请求的 URL 的查询参数，即用来获取 URL 中的查询参数。

❑ @Provider：用在任何对 JAX-RS 运行时（如 MessageBodyReader 和 MessageBodyWriter）有意义的实体上。对 HTTP 请求，MessageBodyReader 用来将 HTTP 请求实体段映射为方法参数。在响应的时候，返回的值使用 MessageBodyWriter 来映射成 HTTP 响应实体段。

还有一些注解，大家需要了解的话可以参考 JAX-RS 的协议规范。按照 JAX-RS 规范进行开发就是通过在资源类及其方法上添加上述注解，定义出资源类及对资源可以执行的方法操作。

JAX-RS 只是一个接口规范，JAX-RS 实现包括 CXF、Jersey、RESTEasy、Restlet 等多种实现。在以上 4 种实现中，Jersey 是原 Sun 公司（已被 Oracle 收购）给出的开源参考实现。当然，Jersey 不仅仅是一个 JAX-RS 的参考实现，Jersey 提供自己的 API，其 API 继承自 JAX-RS，提供更多的特性和功能以求进一步简化 RESTful Service 和客户端的开发。

Jersey 框架既可以单独提供服务，也可以作为一个 Servlet 部署在 Web 服务器上。RESTCONF 的功能是一个 Web 服务，因此其实现是利用 Jersey 框架中的 org.glassfish.jersey.servlet.ServletContainer 这个 Servlet 作为核心控制器，加载定义 RESTCONF 相关的资源类或接口到该 Servlet 的上下文，这些资源类最终调用到 MD-SAL 提供的 DataStore、RPC、Notification 和 Mount 等基础服务，完成对 ODL 控制器中 YANG 定义的数据和操作的访问。另外，在与客户端交互时，需要按照 Content-Type 或者 Accept 对消息内容进行格式转换，也就是要提供 Provider 实现 NormalizedNode 的 JSON 或 XML 格式的序列化与反序列化。

下面先来看一下 RESTCONF 的资源接口的定义。

12.2.2 RESTCONF 资源接口定义

12.2.1 节介绍 RESTCONF 协议规范中定义的多种资源，在 ODL 中都对应添加了 JAX-RS 规范中定义注解的 Java 接口。

首先是根资源或根路径，RFC 8040 的实现默认为 /rests，这是在 RESTCONF Web 应用初始化时代码中指定的。而 Draft 02 的实现的根路径是 /restconf。

其他资源还包括数据存储资源、操作资源、Schema 资源和事件流资源，代码清单 12-1 是数据存储资源的接口定义。

代码清单 12-1　数据资源接口

```
public interface RestconfDataService extends UpdateHandlers {

    @GET
    @Path("/data/{identifier:.+}")
    @Produces({ Rfc8040.MediaTypes.DATA + RestconfConstants.JSON, Rfc8040.MediaTypes.
        DATA, MediaType.APPLICATION_JSON,
        MediaType.APPLICATION_XML, MediaType.TEXT_XML })
    Response readData(@Encoded @PathParam("identifier") String identifier, @Context
        UriInfo uriInfo);

    @GET
    @Path("/data")
```

```
@Produces({ Rfc8040.MediaTypes.DATA + RestconfConstants.JSON, Rfc8040.MediaTypes.
    DATA, MediaType.APPLICATION_JSON,
    MediaType.APPLICATION_XML, MediaType.TEXT_XML })
Response readData(@Context UriInfo uriInfo);

@PUT
@Path("/data/{identifier:.+}")
@Consumes({ Rfc8040.MediaTypes.DATA + RestconfConstants.JSON, Rfc8040.MediaTypes.
    DATA, MediaType.APPLICATION_JSON,
    MediaType.APPLICATION_XML, MediaType.TEXT_XML })
Response putData(@Encoded @PathParam("identifier") String identifier, Normalized
    NodeContext payload,
    @Context UriInfo uriInfo);

@POST
@Path("/data/{identifier:.+}")
@Consumes({ Rfc8040.MediaTypes.DATA + RestconfConstants.JSON, Rfc8040.MediaTypes.
    DATA, MediaType.APPLICATION_JSON,
    MediaType.APPLICATION_XML, MediaType.TEXT_XML })
Response postData(@Encoded @PathParam("identifier") String identifier, Normalized
    NodeContext payload,
    @Context UriInfo uriInfo);

@POST
@Path("/data")
@Consumes({ Rfc8040.MediaTypes.DATA + RestconfConstants.JSON, Rfc8040.MediaTypes.
    DATA, MediaType.APPLICATION_JSON,
    MediaType.APPLICATION_XML, MediaType.TEXT_XML })
Response postData(NormalizedNodeContext payload, @Context UriInfo uriInfo);

@DELETE
@Path("/data/{identifier:.+}")
Response deleteData(@Encoded @PathParam("identifier") String identifier);

@Patch
@Path("/data/{identifier:.+}")
@Consumes({ Rfc8040.MediaTypes.PATCH + RestconfConstants.JSON, Rfc8040.MediaTypes.
    PATCH + RestconfConstants.XML })
@Produces({ Rfc8040.MediaTypes.PATCH_STATUS + RestconfConstants.JSON,
    Rfc8040.MediaTypes.PATCH_STATUS + RestconfConstants.XML })
PatchStatusContext patchData(@Encoded @PathParam("identifier") String identifier,
    PatchContext context, @Context UriInfo uriInfo);

@Patch
@Path("/data")
@Consumes({ Rfc8040.MediaTypes.PATCH + RestconfConstants.JSON, Rfc8040.MediaTypes.
    PATCH + RestconfConstants.XML })
@Produces({ Rfc8040.MediaTypes.PATCH_STATUS + RestconfConstants.JSON,
```

```
        Rfc8040.MediaTypes.PATCH_STATUS + RestconfConstants.XML })
    PatchStatusContext patchData(PatchContext context, @Context UriInfo uriInfo);
}
```

数据存储资源的访问都是以 /rests/data 开头，后接具体的数据访问路径，该接口的实现依赖于 DOMDataBroker 服务。

接着看操作资源的接口定义，如代码清单 12-2 所示。

代码清单 12-2　RPC 操作资源接口定义

```
public interface RestconfInvokeOperationsService extends UpdateHandlers {

    /**
     * Invoke RPC operation.
     *
     * @param identifier
     *          module name and rpc identifier string for the desired
     *          operation
     * @param payload
     *          {@link NormalizedNodeContext} - the body of the operation
     * @param uriInfo
     *          URI info
     * @return {@link NormalizedNodeContext}
     */
    @POST
    @Path("/operations/{identifier:.+}")
    @Produces({ Rfc8040.MediaTypes.DATA + RestconfConstants.JSON, Rfc8040.MediaTypes.
        DATA, MediaType.APPLICATION_JSON,
        MediaType.APPLICATION_XML, MediaType.TEXT_XML })
    @Consumes({ Rfc8040.MediaTypes.DATA + RestconfConstants.JSON, Rfc8040.MediaTypes.
        DATA, MediaType.APPLICATION_JSON,
        MediaType.APPLICATION_XML, MediaType.TEXT_XML })
    NormalizedNodeContext invokeRpc(@Encoded @PathParam("identifier") String identifier,
        NormalizedNodeContext payload, @Context UriInfo uriInfo);
}
```

RPC 操作资源接口定义了 RPC 方法的调用，RPC 的调用路径以 /rests/operations 开头，该接口依赖 MD-SAL 中的 DOMRpcService 服务实现。

所谓 Schema 资源，就是系统中定义的 YANG 模型信息，代码清单 12-3 是获取 Schema 资源的接口定义。

代码清单 12-3　Schema 资源查询接口

```
@Path("/")
public interface RestconfSchemaService extends UpdateHandlers {
```

```
/**
 * Get schema of specific module.
 *
 * @param identifier
 *            path parameter
 * @return {@link SchemaExportContext}
 */
@GET
@Produces({ Rfc8040.MediaTypes.YIN + RestconfConstants.XML, Rfc8040.MediaTypes.YANG })
@Path("modules/{identifier:.+}")
SchemaExportContext getSchema(@PathParam("identifier") String identifier);
}
```

事件流订阅对应 MD-SAL 中的 Notification 的订阅，事件流订阅接口定义了通过 RESTCONF 订阅事件的方法。代码清单 12-4 是事件流订阅的接口定义。

代码清单 12-4　事件流订阅接口

```
public interface RestconfStreamsSubscriptionService extends UpdateHandlers {

    /**
     * Subscribing to receive notification from stream support.
     *
     * @param identifier
     *            name of stream
     * @param uriInfo
     *            URI info
     * @return {@link NormalizedNodeContext}
     */
    @GET
    @Path("data/ietf-restconf-monitoring:restconf-state/streams/stream/{identifier:.+}")
    NormalizedNodeContext subscribeToStream(@Encoded @PathParam("identifier") String
        identifier, @Context UriInfo uriInfo);
}
```

在本小节定义的接口在 ODL 源码中都能找到其具体实现类。当然也可以把这些具体实现类的对象都交给 Jersey 框架，由框架来调度，但这会有一个问题，比如当想扩展某一种资源时，不仅需要重新定义资源接口，实现该接口，还要把该资源对象也添加到 Jersey 的框架里才行。这样的扩展方式，需要修改的代码比较多，牵扯面比较广，不是一种好的扩展方式。对于这个问题，ODL 是通过装饰器模式（Wrapper 模式）来处理的，下面来看一下装饰器模式。

12.2.3　Wrapper 设计模式

对于 12.2.2 节中定义的多种资源接口，为保证接口中定义的方法是一致的，定义了两个 Wrapper 接口，如代码清单 12-5、代码清单 12-6 所示。

代码清单 12-5　Wrapper 接口

```
public interface BaseServicesWrapper extends RestconfOperationsService, RestconfSchemaService,
    RestconfService {

}
```

代码清单 12-6　Wrapper 接口

```
public interface TransactionServicesWrapper
    extends RestconfDataService, RestconfInvokeOperationsService, RestconfStream
        sSubscriptionService {

}
```

对于以上两个 Wrapper 接口，其实现类 ServiceWrapper 代码结构如代码清单 12-7 所示。

代码清单 12-7　ServiceWrapper 类

```
@Path("/")
public final class ServicesWrapper implements BaseServicesWrapper, TransactionServicesWrapper {

    private final RestconfDataService delegRestconfDataService;
    private final RestconfInvokeOperationsService delegRestconfInvokeOpsService;
    private final RestconfStreamsSubscriptionService delegRestconfSubscrService;
    private final RestconfOperationsService delegRestOpsService;
    private final RestconfSchemaService delegRestSchService;
    private final RestconfService delegRestService;
    ......
}
```

该实现类组合引用了所有其实现接口的具体实现类的对象，通过这些具体实现类中的实现方法，对外提供了统一的访问。图 12-2 就是 ServiceWrapper 类与其实现的接口及这些接口的具体实现类之间的静态关系。

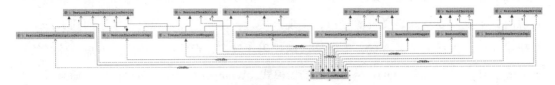

图 12-2　ServiceWrapper

图 12-2 中应用的就是 Wrapper 设计模式，通过该模式，可以只把 ServiceWrapper 对象添加到 Jersey 框架中，并使该对象代理所有资源接口的实现。这样不仅使与 Jersey 框

架关联的这部分代码简洁清晰，并且在有资源类型需要扩展的时候，这部分代码也不需要修改。

知识点　装饰器模式又称为包装（Wrapper）模式。装饰器模式多以客户端透明的方式扩展对象的功能，是继承关系的一个替代方案。装饰者模式要求，装饰者与被装饰者需要有同一父类或实现同样的接口，其目的是为了让装饰者与被装饰者对象的类型能够匹配，而绝非是继承其行为。

12.2.4　初始化过程

第 11 章中讲过，之前的版本中，是通过 web.xml 配置 RESTCONF 这个 Web 应用，而从氟版本改为通过 Java 类来初始化 Web 应用。代码清单 12-8 中的 WebInitializer 类就是按照 RFC 8040 实现的 RESTCONF 这个 Web 应用的初始化类。

代码清单 12-8　RESTCONF 在 Web 容器中的初始化

```
public class WebInitializer {
    private final WebContextRegistration registration;

    public WebInitializer(WebServer webServer,  WebContextSecurer webContextSecurer,
        ServletSupport servletSupport,
            Application webApp, CustomFilterAdapterConfiguration customFilterAdapter
                Config) throws ServletException {
        WebContextBuilder webContextBuilder = WebContext.builder().contextPath("rests").
            supportsSessions(true)
                .addServlet(ServletDetails.builder().servlet(servletSupport.createHttp
                    ServletBuilder(webApp).build())
                    .addUrlPattern("/*").build())

                // Allows user to add javax.servlet.Filter(s) in front of REST services
                .addFilter(FilterDetails.builder().filter(new CustomFilterAdapter(custom
                    FilterAdapterConfig))
                    .addUrlPattern("/*").build())

                .addFilter(FilterDetails.builder().filter(new org.eclipse.jetty.
                    servlets.GzipFilter())
                    .putInitParam("mimeTypes",
                        "application/xml,application/yang.data+xml,xml,application/
                            json,application/yang.data+json")
                    .addUrlPattern("/*").build());

        webContextSecurer.requireAuthentication(webContextBuilder, "/*");

        registration = webServer.registerWebContext(webContextBuilder.build());
```

```
    }

    public void close() {
        if (registration != null) {
            registration.close();
        }
    }
}
```

从代码清单 12-8 中能看到，RESTCONF 的根路径为 /rests，Servlet 的创建用到了 AAA 子项目中的 ServletSupport 类，其创建的 Servlet 实例其实就是 org.glassfish.jersey.servlet. ServletContainer 的实例。对于该 Servlet，上述代码中设置了 AAA 中提供的 FilterChain，以此实现对所有 RESTCONF 请求的鉴权。

对于 ServletContainer 实例的创建，代码传入了一个 Application 对象（webApp）。Application 是 Jersey 框架中定义的统一获取所有资源类和 Provider 类的入口类。在 ODL 里，继承自 Application 的 RestconfApplication 类就是 Jersey 框架的配置和资源类入口，其源码如代码清单 12-9 所示。

代码清单 12-9　RestconfApplication 类

```
public class RestconfApplication extends Application {
    private final SchemaContextHandler schemaContextHandler;
    private final DOMMountPointServiceHandler mountPointServiceHandler;
    private final ServicesWrapper servicesWrapper;

    public RestconfApplication(SchemaContextHandler schemaContextHandler,
            DOMMountPointServiceHandler mountPointServiceHandler, ServicesWrapper
                servicesWrapper) {
        this.schemaContextHandler = schemaContextHandler;
        this.mountPointServiceHandler = mountPointServiceHandler;
        this.servicesWrapper = servicesWrapper;
    }

    @Override
    public Set<Class<?>> getClasses() {
    return ImmutableSet.<Class<?>>builder()
            .add(NormalizedNodeJsonBodyWriter.class).add(Normalized NodeXmlBody
                Writer.class)
            .add(SchemaExportContentYinBodyWriter.class).add(SchemaExportContent
                YangBodyWriter.class)
            .add(PatchJsonBodyWriter.class).add(PatchXmlBodyWriter.class)
            .build();
    }
```

```
@Override
public Set<Object> getSingletons() {
    final Set<Object> singletons = new HashSet<>();
    singletons.add(servicesWrapper);
    singletons.add(new JsonNormalizedNodeBodyReader(schemaContextHandler, mountPoint
        ServiceHandler));
    singletons.add(new JsonToPatchBodyReader(schemaContextHandler, mountPoint
        ServiceHandler));
    singletons.add(new XmlNormalizedNodeBodyReader(schemaContextHandler,
        mountPointServiceHandler));
    singletons.add(new XmlToPatchBodyReader(schemaContextHandler, mountPoint
        ServiceHandler));
    return singletons;
}
}
```

RestconfApplication 类中：

❏ public Set<Class<?>> getClasses()：该方法需要返回一组组件的类型，返回的类型就
是需要注册的组件，可以是资源类、Providers 等。

❏ public Set<Object> getSingletons()：该方法需要返回一组组件的实例，这些实例就
是资源类、Providers 等，但是要求这些资源类、Provider 的实例都是完成了相关依
赖的注入的，并且都是单例的。

通过上面的 WebInitializer 和 RestconfApplication，完成了对 RESTCONF 这个 Web 应
用服务的初始化，最终通过 blueprint 配置完成了这些类的实例创建。

12.2.5　客户端访问

访问 ODL 提供的 RESTCONF 接口，可以使用 restclient 测试工具或在 Web 浏览器
Firefox 或 Chrome 上安装 RESTClient 插件。ODL 社区提供了访问 RESTCONF 的客户端
组件 dlux 和 apidoc，不过社区从氟版本开始已经不再维护 dlux 子项目，ODL 提供的原
生 RESTCONF 客户端只剩 apidoc 了。要想访问 apidoc 的 Web 界面，必须安装 odl-mdsal-
apidocs 这个 feature，然后访问地址 http://*ip:port*/apidoc/18/explorer/index.html，该页面会
列出 ODL 上所有的 YANG 模型定义并提供所有 YANG 定义的所有资源的访问链接。

> 注意　上面的地址访问的是按照 RFC 8040 实现的 RESTCONF 接口，如果要访问按照
> Draft 02 实现的 RESTCONF 服务，请访问地址 http://*ip:port*/apidoc/explorer/index.
> html。

12.3 本章小结

借助于 Jersey 框架，ODL 中的 RESTCONF 协议实现代码并不复杂，结合本章的介绍，读者再去理解 RESTCONF 相关的源代码难度不大。由于通过 RESTCONF 访问 ODL 中的数据资源和操作资源较方便，且 RESTCONF 北向接口与 ODL 中 YANG 模型保持一致，这样就更能发挥 ODL 的模型驱动的架构的优势。

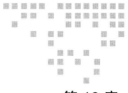

Blueprint 及其扩展

对于高动态、高可扩展的应用，OSGi 是一个很好的平台。在 OSGi 中，Service 是实现 Bundle 间交互和应用灵活性的基石。借助于 Service，能够有效降低 Bundle 之间的耦合，更加有利于软件的重用。通过强调面向接口编程，可以有效提高软件的灵活性与设计水平。可是，也是因为对于 Service 的依赖管理而增加了系统的复杂性。传统方式下，注册服务是在 Bundle 的激活器（Activator）中使用 BundleContext.registerService() 方法来实现的。服务通过 BundleContext.getServiceReference() 方法获取 ServiceReference 实例，进而使用 BundleContext.getService() 方法得到真正的服务实例。这种方式虽然能够完成服务的发布与使用，但是有诸如使用烦琐、影响启动时间、编写大量的模板类的代码、不利于测试等缺点。当然，OSGi 规范中也定义了 ServiceListener、ServiceTracker 等动态管理 Service 依赖的 API，但并没有降低需要编码的量。而且，Service 依赖比较多的话，会导致 Activator 的逻辑和代码实现远比 Service 本身的逻辑和实现要复杂，这违背了我们使用框架来简化开发的初衷。

OSGi 经过近 10 年的发展，最终提出了通过声明式服务（Declarative Service）以及 Blueprint 规范来解决上述问题。声明式服务基于组件模型理论，最早出现在 R4 compendium 规范之中，而 Blueprint 规范来源于 Spring Dynamic Modules 项目，最早出现于 R4.2 企业规范之中。这两种方式的实现原理与适用场景均有所不同。Blueprint 是针对 OSGi 的依赖注入解决方案，用法非常类似 Spring。当使用服务的时候，Blueprint 会马上创建并注入一个代理（Proxy）。对于这些服务进行调用时，如果服务在当前不可用的话，将会产生阻塞，直至能够获取到服务或超时。声明式服务的处理方式存在着较大的差异，声明式服务是一种组件模型，它简化了组件的创建过程，这些组件会发布和使用 OSGi 服务。我们需要以声明的方式定义组件及其依赖，框架会基于依赖的满足情况来管理组件的生命周期。这意味着，只有组件的依赖完全满足的时候，才会处于激活（activated）状态；一旦依赖出现了缺失，组件就会处于停用（deactivated）状态。因此，声明式服务没有使用代理，但是能保证只要组件处于激活的状态，它的内部依赖就是满足的。按照《OSGi 实战》一书的观点，这两种组件模型的适用场景可以归结为：

❑ 声明式服务主要用于创建可快速启动的轻量级组件。

❑ Blueprint 主要用于创建高度可配置的企业级应用。

ODL 社区最初的版本没有采用上面的任一种方式，而是通过配置子系统来解决 Bundle 的初始化、Service 依赖及注入的问题。配置子系统采用模型驱动的设计思想，用 YANG 语言进行建模，通过 XML 文件进行实例化和 Service 依赖配置。当然，ODL 社区的思想初衷是好的，但实际的实现实在太复杂，且该套实现方案一直不是很稳定。因此，从硼版本开始，社区逐渐采用成熟的 Blueprint 实现来替换配置子系统，目前最新版本中，配置子系统已完全被废弃。

本章将首先对 Blueprint 基本概念、使用方式及其运行原理做个简单介绍，然后看一下 ODL 中对 Blueprint 的命名空间的扩展实现。该扩展极大简化了 MD-SAL 中 RPC、Notificcation 这两种基础服务的使用，同时，还提供了一种基于 Datastore 的集群配置的简便方式。

13.1　Blueprint

13.1.1　基础知识

Blueprint 是 OSGi Service Platform Enterprise Specification 标准的一部分，它来源于 Spring DM，因此它们很类似。Blueprint 规范主要有两个实现——Aries Blueprint 和 Gemini Blueprint，它们分别来自 Apache 和 Eclipse 这两个开源组织，ODL 中使用的是 Aries Blueprint。

Blueprint 是以 XML 文档来构建应用，但它也可采用 Annotation 的方式，在此我们只介绍 XML 的方式。在 Bundle 里，这个 XML 默认的位置在 OSGI-INF/blueprint 下，也可以在 MANIFEST.MF 里指定成其他位置。

Blueprint XML 文档中可以标记 bean、service、reference 和 reference-list 等元素，用于 Bean 的创建、Service 发布和 Service 引用的管理。

❑ bean：用来描述创建 Java 实例的元素，可以指定实例初始化的类名、构造方法、构造方法的入参及属性。

❑ service：将 bean 发布为 OSGi Service。

❑ reference：通过接口名引用一个 OSGi Service，可以指定一个特定的属性过滤器。

❑ reference-list：通过接口名引用多个 OSGi Service，可以指定一个特定的属性过滤器。

现在 ODL 的众多项目的诸多模块中，在 resources/org/opendaylight/blueprint/ 目录（或 OSGI-INF/blueprint 目录）下基本都有一个 Blueprint 的 XML 配置文件。代码清单 13-1 就是一个 Blueprint XML 配置的实例。

代码清单 13-1　toaster-provider.xml

```xml
<?xml version="1.0" encoding="UTF-8"?>
    <blueprint xmlns="http://www.osgi.org/xmlns/blueprint/v1.0.0"
            xmlns:odl="http://opendaylight.org/xmlns/blueprint/v1.0.0"
            xmlns:cm="http://aries.apache.org/blueprint/xmlns/blueprint-cm/v1.1.0"
        odl:restart-dependents-on-updates="true" odl:use-default-for-reference-types="true">

        <cm:property-placeholder persistent-id="org.opendaylight.toaster" update-strategy="none">
        <cm:default-properties>
            <cm:property name="databroker-type" value="default"/>
        </cm:default-properties>
    </cm:property-placeholder>

    <odl:clustered-app-config id="toasterAppConfig"
        binding-class="org.opendaylight.yang.gen.v1.urn.opendaylight.params.xml.
            ns.yang.controller.toaster.app.config.rev160503.ToasterAppConfig">
    <odl:default-config><![CDATA[
        <toaster-app-config xmlns="urn:opendaylight:params:xml:ns:yang:controller:
            toaster-app-config">
            <max-make-toast-tries>3</max-make-toast-tries>
        </toaster-app-config>
    ]]></odl:default-config>
    </odl:clustered-app-config>

    <reference id="dataBroker" interface="org.opendaylight.controller.md.sal.binding.
        api.DataBroker" odl:type="${databroker-type}" />
    <reference id="notificationService" interface="org.opendaylight.controller.
        md.sal.binding.api.NotificationPublishService"/>

    <bean id="toaster" class="org.opendaylight.controller.sample.toaster.provider.
        OpendaylightToaster"
```

```
            init-method="init" destroy-method="close">
        <argument ref="toasterAppConfig"/>
        <property name="dataBroker" ref="dataBroker"/>
        <property name="notificationProvider" ref="notificationService"/>
    </bean>

    <odl:rpc-implementation ref="toaster"/>
</blueprint>
```

代码清单 13-1 中，开头表明引用的 3 个命名空间，其中 xmlns:odl 就是 ODL 扩展的 Blueprint 的命名空间。rpc-implementation 是 ODL 扩展的命名空间中定义的用于注册 RPC 的标签元素，从上面这个例子可以看到，只需要一行配置就可以实现 RPC 的注册，确实非常简洁。

13.1.2 运行原理

根据 OSGi 的微服务以及模块化的设计风格，Aries Blueprint 也是以若干个 Bundle 的形式存在。在 ODL 启动后，会看到加载了 Blueprint 相关的 Bundle，如代码清单 13-2 所示。其中 19 号为 Aries Blueprint Core，是 Blueprint 的核心实现模块；204 号为 ODL 中 Blueprint 的扩展模块。

代码清单 13-2　Aries Blueprint 相关 Bundle

```
15  | Resolved | 1.0.0  | Apache Aries Blueprint Core Compatiblity Fragment Bundle, Hosts: 19
17  | Active   | 1.0.1  | Apache Aries Blueprint API
18  | Active   | 1.3.1  | Apache Aries Blueprint CM
19  | Active   | 1.10.1 | Apache Aries Blueprint Core, Fragments: 15
21  | Active   | 1.2.0  | Apache Aries JMX Blueprint API
22  | Active   | 1.2.0  | Apache Aries JMX Blueprint Core
28  | Active   | 4.2.2  | Apache Karaf :: Bundle :: BlueprintStateService
31  | Active   | 4.2.2  | Apache Karaf :: Deployer :: Blueprint
39  | Active   | 4.2.2  | Apache Karaf :: JAAS :: Blueprint :: Config
50  | Active   | 4.2.2  | Apache Karaf :: Shell :: Core, Fragments: 49
204 | Active   | 0.10.0 | blueprint
```

图 13-1 是 Aries Blueprint 的简单实现原理图。

Blueprint Container 采用扩展器（extender）模式，来监视 OSGi 框架中 Bundle 的状态。当新的 Bundle 被激活时，Blueprint 根据该 Bundle 是否有 Blueprint XML 配置文件来判断是否需要容器进行处理。处理的过程是为该 Bundle 创建一个容器，通过容器解析 XML 文件，并将组件装配到一起。如果 Bundle 中的服务依赖得到满足，容器还会调用 OSGi DS 发布服务。

一旦扩展器确定某个包是 Blueprint 包后，它将为这个包创建一个 Blueprint Container。这个 Blueprint Container 负责完成以下操作：

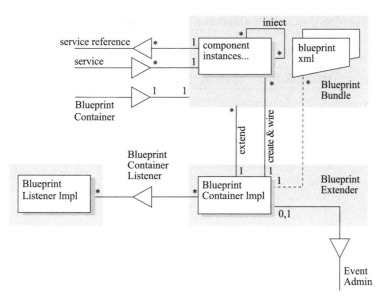

图 13-1   Blueprint 工作原理

❑ 解析 Blueprint XML 文件。

❑ 实例化。

❑ 将组件连接在一起。

在 ODL 的 controller 子项目中的 blueprint 模块中（以后应该会迁移到 mdsal 子项目中），设计了 BlueprintBundleTracker 类监听 OSGi 中所有已加载的 Bundle，对于已激活的 Bundle，该类会扫描 org/opendaylight/blueprint/ 目录下的 Blueprint 配置文件，并最终通过 Aries BlueprintExtenderService 来实现创建该 Bundle 的 Blueprint Container，以此完成 Bundle 的依赖注入和实例创建。这个 Tracker 处理上述目录的 Blueprint 配置文件与处理默认目录 OSGI-INF/blueprint 下的配置的区别是，允许以有序的方式创建 Blueprint Container。

此外，BlueprintBundleTracker 还实现了 BlueprintListener，来监听 Bundle 的 Blueprint Container 的创建状态，如果创建失败，默认 5 分钟后，会尝试重新创建。

13.1.3   命名空间扩展

除了基本的 bean、service、reference 等标签，还可以通过命名空间（namespace）的扩展来实现多种功能的标签。比如上面例子中的 xmlns:cm 就是通过 18 号 Bundle，即 Aries Blueprint CM 扩展实现的。在 ODL 中，也定义了一个扩展命名空间 http://opendaylight.org/xmlns/blueprint/v1.0.0，在这个命名空间中，还定义了 RPC 的注册和获取、Notification 的

订阅、Action 的注册或获取，通过 DataStore 实现配置的标签元素，该命名空间的 Schema
定义（xsd 文件）如代码清单 13-3 所示。

代码清单 13-3　opendaylight-blueprint-ext-1.0.0.xsd

```
<xsd:schema xmlns="http://opendaylight.org/xmlns/blueprint/v1.0.0" xmlns:xsd=
    "http://www.w3.org/2001/XMLSchema"
        xmlns:bp="http://www.osgi.org/xmlns/blueprint/v1.0.0"
        targetNamespace="http://opendaylight.org/xmlns/blueprint/v1.0.0" elementForm
            Default="qualified"
        attributeFormDefault="unqualified" version="1.0.0">

    <xsd:import namespace="http://www.osgi.org/xmlns/blueprint/v1.0.0"/>

    <xsd:attribute name="restart-dependents-on-updates" type="xsd:boolean"/>
    <xsd:attribute name="use-default-for-reference-types" type="xsd:boolean"/>
    <xsd:attribute name="type" type="xsd:string"/>

    <xsd:simpleType name="Tpath">
        <xsd:restriction base="xsd:string"/>
    </xsd:simpleType>

    <xsd:complexType name="TactionProvider">
        <xsd:attribute name="interface" type="bp:Tclass" use="required"/>
        <xsd:attribute name="ref" type="bp:Tidref" use="optional"/>
    </xsd:complexType>
    <xsd:element name="action-provider" type="TactionProvider"/>

    <xsd:complexType name="TactionService">
        <xsd:attribute name="interface" type="bp:Tclass" use="required"/>
        <xsd:attribute name="id" type="xsd:ID"/>
    </xsd:complexType>
    <xsd:element name="action-service" type="TactionService"/>

    <xsd:complexType name="TrpcImplementation">
        <xsd:attribute name="interface" type="bp:Tclass" use="optional"/>
        <xsd:attribute name="ref" type="bp:Tidref" use="required"/>
    </xsd:complexType>
    <xsd:element name="rpc-implementation" type="TrpcImplementation"/>


    <xsd:complexType name="TroutedRpcImplementation">
        <xsd:attribute name="interface" type="bp:Tclass" use="optional"/>
        <xsd:attribute name="ref" type="bp:Tidref" use="required"/>
        <xsd:attribute name="id" type="xsd:ID"/>
    </xsd:complexType>
    <xsd:element name="routed-rpc-implementation" type="TroutedRpcImplementation"/>
```

```
    <xsd:complexType name="TrpcService">
        <xsd:attribute name="interface" type="bp:Tclass" use="required"/>
        <xsd:attribute name="id" type="xsd:ID"/>
    </xsd:complexType>
    <xsd:element name="rpc-service" type="TrpcService"/>

    <xsd:complexType name="TnotificationListener">
        <xsd:attribute name="ref" type="bp:Tidref" use="required"/>
    </xsd:complexType>
    <xsd:element name="notification-listener" type="TnotificationListener"/>

    <xsd:complexType name="TclusteredAppConfig">
        <xsd:sequence>
            <xsd:element name="default-config" type="xsd:string" minOccurs="0"
                maxOccurs="1"/>
        </xsd:sequence>
        <xsd:attribute name="binding-class" type="bp:Tclass" use="required"/>
        <xsd:attribute name="list-key-value" type="xsd:string" use="optional"/>
        <xsd:attribute name="default-config-file-name" type="xsd:string" use="optional"/>
        <xsd:attribute name="id" type="xsd:ID" use="required"/>
        <xsd:attribute name="update-strategy" type="TupdateStrategy" use="optional"
            default="reload"/>
    </xsd:complexType>
    <xsd:element name="clustered-app-config" type="TclusteredAppConfig"/>
    <xsd:simpleType name="TupdateStrategy">
    <xsd:restriction base="xsd:NMTOKEN">
        <xsd:enumeration value="none"/>
        <xsd:enumeration value="reload"/>
    </xsd:restriction>
    </xsd:simpleType>
    <xsd:complexType name="TspecificReferenceList">
        <xsd:attribute name="interface" type="bp:Tclass" use="required"/>
        <xsd:attribute name="id" type="xsd:ID"/>
    </xsd:complexType>
    <xsd:element name="specific-reference-list" type="TspecificReferenceList"/>

    <xsd:complexType name="TstaticReference">
        <xsd:attribute name="interface" type="bp:Tclass" use="required"/>
        <xsd:attribute name="id" type="xsd:ID"/>
    </xsd:complexType>
    <xsd:element name="static-reference" type="TstaticReference"/>
</xsd:schema>
```

http://opendaylight.org/xmlns/blueprint/v1.0.0

扩展命名空间另一个需要做的工作是实现 Aries 中定义的服务接口 NamespaceHandler，并在类 BlueprintBundleTracker 中将其注册为 OSGi Service，Aries Blueprint Core 通过 ServiceTracker

监听到 NamespaceHandler 服务的发布并把这类服务注册到本地的注册器中。ODL 中的 blueprint 模块中的类 OpendaylightNamespaceHandler 就实现了 NamespaceHandler 接口。

实现 OpendaylightNamespaceHandler 依赖于 Aries API 中定义的接口 ComponentFactory-Metadata 的实现，这里的 MetaData 是指构建标签所指对象所需要的元数据信息。在 ODL 中针对 xsd 中定义的标签，定义了若干个 MetaData 接口的实现类，如图 13-2 所示。

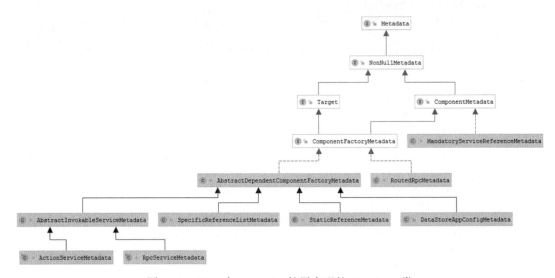

图 13-2　ODL 中 Blueprint 扩展实现的 MetaData 类

这些 MetaData 的实现类实现了用某一个标签元素表示的组件的生命周期的管理操作，比如组件的创建和销毁，具体的实现代码大家看一下 ODL 的源码即可。

13.2　Blueprint 的使用

来简单了解 ODL 中 Blueprint 的扩展的简单配置说明，这可以帮助读者理解 ODL 源码中的大量 Blueprint 配置文件。

RPC 相关的标签

1. Global RPC 的注册

代码清单 13-4 是 Global RPC 注册的配置实例。

代码清单 13-4　Global RPC 的注册配置

```
<?xml version="1.0" encoding="UTF-8"?>
```

```
<blueprint xmlns="http://www.osgi.org/xmlns/blueprint/v1.0.0"
           xmlns:odl="http://opendaylight.org/xmlns/blueprint/v1.0.0">

    <bean id="fooRpcService" class="org.opendaylight.app.FooRpcServiceImpl">
        <!-- constructor args -->
    </bean>

    <odl:rpc-implementation ref="fooRpcService"/>
</blueprint>
```

先创建实现 RpcService 的 Bean，通过标签 odl:rpc-implementation 来注册 RPC 的实现。

2. Global RPC 的获取

获取注册的 RPC 的配置更简单，通过标签 odl:rpc-service，只需要以下这行配置就可以获取到上面例子中注册的 RPC：

```
<odl:rpc-service id="fooRpcService" interface="org.opendaylight.app.FooRpcService"/>
```

3. Routed RPC 的注册

Routed RPC 的注册需要通过 Blueprint 配置加上代码的配合，代码清单 13-5 是 Routed RPC 的 Blueprint 配置的例子。

代码清单 13-5　Routed RPC 的注册配置

```
<?xml version="1.0" encoding="UTF-8"?>
<blueprint xmlns="http://www.osgi.org/xmlns/blueprint/v1.0.0"
           xmlns:odl="http://opendaylight.org/xmlns/blueprint/v1.0.0">

    <bean id="fooRoutedRpcService" class="org.opendaylight.app.FooRoutedRpcServiceImpl">
        <!-- constructor args -->
    </bean>

    <odl:routed-rpc-implementation id="fooRoutedRpcServiceReg" ref="fooRoutedRpcService"/>

    <bean id="bar" class="org.opendaylight.app.Bar">
        <argument ref="fooRoutedRpcServiceReg"/>
    </bean>
</blueprint>
```

相比于 Global RPC，Routed RPC 的注册配置需要增加一个 id，来指向 Routed RPC 注册时返回的 RoutedRpcRegistration 对象引用。RoutedRpcRegistration 对象必须注入所写的某个 Bean 类中，然后通过在代码中调用 registerPath() 方法来注册该 RPC 实现的 routedId。

Routed RPC 的获取配置与 Global RPC 的获取配置没有区别。

4. Notification 的订阅

代码清单 13-6 是通过 Blueprint 来配置 Notification 的订阅的例子。

代码清单 13-6   Notification 的订阅配置

```
<?xml version="1.0" encoding="UTF-8"?>
<blueprint xmlns="http://www.osgi.org/xmlns/blueprint/v1.0.0"
           xmlns:odl="http://opendaylight.org/xmlns/blueprint/v1.0.0">

    <bean id="fooListener" class="org.opendaylight.app.FooNotificationListener">
        <!-- constructor args -->
    </bean>

    <odl:notification-listener ref="fooListener"/>

</blueprint>
```

这个配置也是首先要创建 Listener 的实例，然后通过标签 odl:notification-listener 订阅其关注的 Notification。

5. clustered-app-config

当然也可以通过前面的 xmlns:cm 里定义的标签来实现某些配置，但这种方式有一个缺点是，在集群环境中，无法在整个集群中自动同步配置，只能逐个节点地配置。ODL 的 Blueprint 扩展提供了一种基于 DataStore 的实现集群环境的全局配置方式，即采用 clustered-app-config 标签，通过 YANG 来定义配置的模型，配置数据保存在 DataStore 中。代码清单 13-7 是一个配置的例子。

代码清单 13-7   Clustered-app-config 的例子

```
<?xml version="1.0" encoding="UTF-8"?>
<blueprint xmlns="http://www.osgi.org/xmlns/blueprint/v1.0.0"
           xmlns:odl="http://opendaylight.org/xmlns/blueprint/v1.0.0">

    <odl:clustered-app-config id="myConfig"
        binding-class="org.opendaylight.yang.gen.v1.urn.opendaylight.myapp.config.
            rev160624.MyConfig">
    </odl:clustered-app-config>

    <bean id="foo" class="org.opendaylight.myapp.Foo">
        <argument ref="myConfig"/>
    </bean>

</blueprint>
```

其中，MyConfig 是 YANG 模型中定义的一个 container，以上配置表示创建包含上述配置模块的 Blueprint Container 时，会从 MD-SAL DataStore 里获取数据，生成绑定的 DataObject 对象 Bean（就是 MyConfig 的对象），该 Bean 可以被注入依赖该配置的对象里。如果 DataStore 里的配置数据为空，则由 YANG 模型里的默认值生成一个 Bean 的配置实例。也可以不用 YANG 模型里定义的默认值，而在上面的配置文件中指定配置的初始默认值，如代码清单 13-8 所示。

代码清单 13-8　Clustered-app-config 的例子

```xml
<?xml version="1.0" encoding="UTF-8"?>
<blueprint xmlns="http://www.osgi.org/xmlns/blueprint/v1.0.0"
           xmlns:odl="http://opendaylight.org/xmlns/blueprint/v1.0.0">

    <odl:clustered-app-config id="myConfig"
        binding-class="org.opendaylight.yang.gen.v1.urn.opendaylight.myapp.
           config.rev160624.MyConfig">
    <odl:default-config><![CDATA[
        <my-config xmlns="urn:opendaylight:myapp:config">
            <id>foo</id>
        </my-config>
    ]]></odl:default-config>
    </odl:clustered-app-config>

    <bean id="foo" class="org.opendaylight.myapp.Foo">
        <argument ref="myConfig"/>
    </bean>

</blueprint>
```

默认值也通过配置文件指定。在自动化测试脚本中，这非常有用，因为你能在控制器没有运行的情况下方便地修改配置。clustered-app-config 将在目录 etc/opendaylight/datastore/initial/config 下查找形如 <yang module name>_<container name>.xml 的文件。

13.3　本章小结

从配置子系统到 Blueprint，表明了 ODL 的不断演进发展和持续的优化。本章介绍的 Blueprint 的扩展及其配置使用，在 ODL 中属于通用功能，几乎在任何一个模块的开发中都会用到，理解掌握这部分内容还是非常有用的。

推荐阅读

Ceph设计原理与实现

本书是中兴Clove团队多年研究和实践经验的总结，Ceph创始人Sage Weil的高度评价并亲自作序。本书同时从设计者和使用者的角度系统剖析了Ceph 的整体架构、核心设计理念，以及各个组件的功能与原理；同时，结合大量在生产环境中积累的真实案例，展示了大量实战技巧。

Ceph之RADOS设计原理与实现

本书是继《Ceph设计原理与实现》之后，中兴通讯 Clove 团队在 Ceph 领域的又一全新力作。Clove团队是Ceph 开源社区国内最负盛名的组织贡献者之一，自 Jewel 版起，连续 4 个版本代码贡献量位列世界前三。本书以大量存储技术的基本原理（例如分布式一致性、文件系统等等）为主线，系统剖析了 Ceph 核心组件 RADOS 的设计原理与具体实现。通过阅读本书可以掌握 Ceph 的核心设计理念与高级应用技巧，从而快速提升自身对于 Ceph 的研发与运维能力。

RRU设计原理与实现

这是一部以工程实践为导向，以信号流为方向，自顶向下详细讲解RRU的系统架构、功能组件、设计方法和实现原理的著作。作者团队来自中兴通讯，都是在无线通信领域有10余年工作经验的资深专家。

OpenStack CI/CD：原理与实践

中兴通讯OPNFV开源团队不仅技术实力雄厚，而且一直致力于为OPNFV团队做贡献，团队的贡献值在社区里排名全球前3。本书由中兴OPNFV开源团队撰写，从系统管理员角度阐述了OpenStack CI/CD系统的组成、架构和原理，涉及从代码提交到测试、部署的各个环节，本书提到的 Gerrit 服务器管理、JJB、Zuul、Nodepool等内容国内都鲜有介绍，本书能让您快速了解这套系统。

ODL技术内幕

这是一本从源代码层面深入剖析ODL的著作，旨在帮助读者在透彻理解ODL的先进架构、设计思想和实现原理后，能更有高效地进行SDN开发。

作者是资深的ODL专家，是SDN领域的布道者，有在通讯类软件研发和系统设计领域有超过15年的经验对ODL及其源码有深入的研究和理解。

推 荐 阅 读

中台战略：中台建设与数字商业

作者：陈新宇 罗家鹰 邓通 江威 等 ISBN：978-7-111-63454-6 定价：89.00元

中台究竟该如何架构与设计？中台建设有没有普适的方法论？现有应用如何才能顺利向中台迁移？中台要成功必须具备哪些要素？中台成熟度究竟如何评估？中台如何全面为数字营销赋能？中台如何在企业的数字化转型中发挥关键作用？这些问题都能在本书中找到答案！本书全面讲解企业如何建设各类中台，并利用中台以数字营销为突破口，最终实现数字化转型和商业创新。

企业IT架构转型之道：阿里巴巴中台战略思想与架构实战

作者：钟华 ISBN：978-7-111-56480-5 定价：79.00元

本书从阿里巴巴启动中台战略说起，详细阐述共享服务体系如何给企业的业务发展提供了支持。介绍阿里巴巴在建设共享服务体系时如何进行技术框架选择，构建了哪些重要的技术平台等，此外，还介绍了组织架构和体制如何更好地支持共享服务体系的持续发展。主要内容分为三大部分：第一部分介绍阿里巴巴集团中台战略引起的思考，以及构建业务中台的基础——共享服务体系。第二部分详细介绍共享服务体系搭建的过程、技术选择、组织架构等。第三部分结合两个典型案例，介绍共享服务体系项目落地的过程，以及企业进行互联网转型过程中的实践经验。

数字化转型之路

作者：新华三大学 ISBN：978-7-111-62175-1 定价：79.00元

本书从对数字时代的挑战与机遇入手，逐步论述数字化的技术驱动力、数字经济中需求侧与供给侧的转变，进而阐述融合了云计算、大数据、物联网、人工智能等技术的工业互联网体系及其如何促进实体经济的转型。作为一个重要的内容，本书也将阐述数字化转型的能力构建，综合论述敏捷、DevOps等IT管理方法论在组织中的落地。本书的定位是结合理论思考与企业实践分析，汇集业界思考与创新实践来助力企业管理者思考和规划数字化转型战略。